GED GUÍA DE
ESTUDIOS DE MATEMATICAS

Enfocada en el razonamiento matemático y el análisis

COACHING FOR BETTER LEARNING

CONTENIDO

INTRODUCCIÓN

Esta Guía de Desarrollo General está orientada a desarrollar el pensamiento matemático y las habilidades de pensamiento en estudiantes adultos. La guía está diseñada para preparar estudiantes adultos para la prueba de matemáticas GED, exámenes de matemáticas para el ingreso a la universidad y exámenes de matemáticas de ingreso al campo laboral.

El contenido de esta guía de estudio de matemáticas GED está orientado hacia las normas de contenido matemático, los indicadores de alto impacto del GED para matemáticas y los estándares de matemáticas de preparación universitaria y profesional (CCR). También cubre todos los objetivos de evaluación del GED para matemáticas.

Esta guía tiene ocho (8) capítulos que les enseñan a los estudiantes cómo visualizar y resolver problemas numéricos y algebraicos.

Capítulo 1: Aplicar conceptos de sentido numérico, ordenar números racionales, valores absolutos, múltiplos, factores y exponentes.

Capítulo 2: Calcular y utilizar razones, porcentajes y factores de escala

Capítulo 3: Calcular dimensiones, perímetros, circunferencias y áreas de figuras de dos dimensiones.

Capítulo 4: Calcular dimensiones, áreas de superficie y volúmenes de figuras tridimensionales.

Capítulo 5: Expresar, manipular y resolver inecuaciones lineales

Capítulo 6: Comparar, representar y evaluar funciones

Capítulo 7: Examen de práctica

Capítulo 8: Un repaso de problemas complejos

Además, cada uno de los siete (7) primeros capítulos están divididos en 6 secciones que presentan instrucciones paso a paso, ejemplos de la vida real, y ejercicios prácticos que les permiten a los estudiantes adquirir fluidez en el pensamiento y razonamiento matemático, dándoles una profunda comprensión sobre los conceptos y la terminología matemática.

Esta guía también anima a los estudiantes a evaluar su aprendizaje y progreso respondiendo a preguntas de reflexión al final de cada capítulo.

En pocas palabras, este recurso les permitirá a los estudiantes experimentar con conceptos y profundizar en el razonamiento y el pensamiento matemático. Por ejemplo, las tareas presentadas en este libro tienen como objetivo lo siguiente:

- Permitir que los estudiantes piensen más profundamente sobre las estructuras y conceptos matemáticos, mejorando así sus habilidades de razonamiento en el área.

- Proporcionarles a los estudiantes tareas prácticas importantes para su aprendizaje.

- Ayudar a los estudiantes a conectar su aprendizaje matemático con el mundo real.

- Crear oportunidades para que los estudiantes lean, escriban y discutan ideas y conceptos.

- Invitar a los estudiantes a reflexionar sobre su aprendizaje.

Ahora que conoces lo que hay en el libro, Vamos a trabajar. ¡Disfruta el viaje!

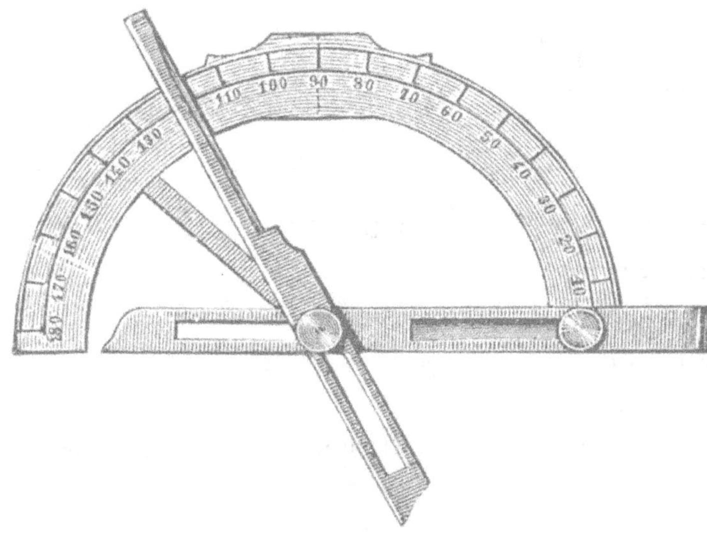

CAPÍTULO 1:
CONCEPTOS DE SENTIDO NUMÉRICO

Aplicar conceptos de sentido numérico, ordenar números racionales, valores absolutos, múltiplos, factores y exponentes.

CONCEPTOS Y TERMINOLOGIA MATEMÁTICA

Número racional	Un número que puede ser expresado como una fracción.
Fracción	Una expresión que representa a un número que ha sido dividido en partes iguales.
Número decimal	Un número cuya parte entera y parte decimal están separados por un punto decimal.
Línea numérica	Una línea recta con números colocados en espacios iguales a lo largo de su longitud.
Factores	Números que pueden multiplicarse para formar un producto.
Máximo divisor común	El factor más grande que comparten dos o más números.
Mínimo común múltiplo	El número más pequeño que es múltiplo de dos o más números.
Valor absoluto	Distancia desde el origen sobre la recta numérica.

Sección 1: Ordenar fracciones y números decimales, incluyendo sobre la línea numérica

¿Quieres ordenar fracciones desde la más pequeña hasta la más grande y viceversa? Para hacer la comparación más fácil, podemos convertir todas las fracciones a números decimales o viceversa. Luego, ¡graficamos estas fracciones o números decimales sobre la línea numérica y los comparamos!

Ejemplo 1: ¿Cuál es el más grande, 8/5 o 1.9?

Paso 1: Convertimos 8/5 a número decimal. Para hacer esto, dividimos 8 entre 5.

$$\frac{8}{5} = 1.6$$

Paso 2: Graficamos los números decimales sobre la línea numérica.

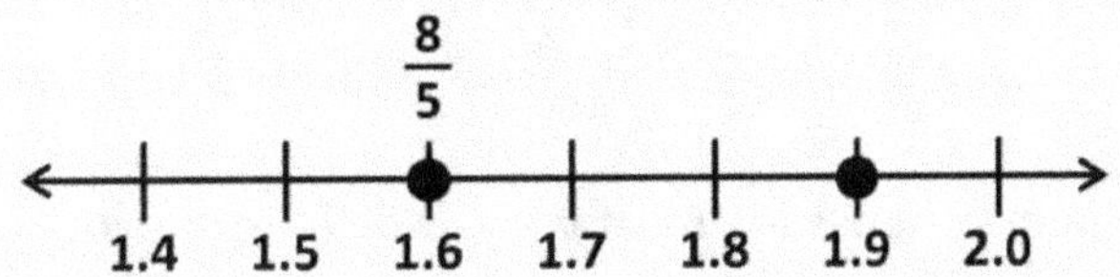

Notamos que 1.9 es más grande que 8/5.

Ejemplo 2: ¿Cuál es el más pequeño, 11/23, 1/4 o 0.11?

Paso 1: Convertimos fracciones a números decimales

$$\frac{11}{23} = 0.49 \ \text{(usando una calculadora)}$$

(Vemos que el resultado fue redondeado a la centésima más cercana)

$$\frac{1}{4} = 0.25$$

Paso 2: Graficamos los números decimales sobre la línea numérica.

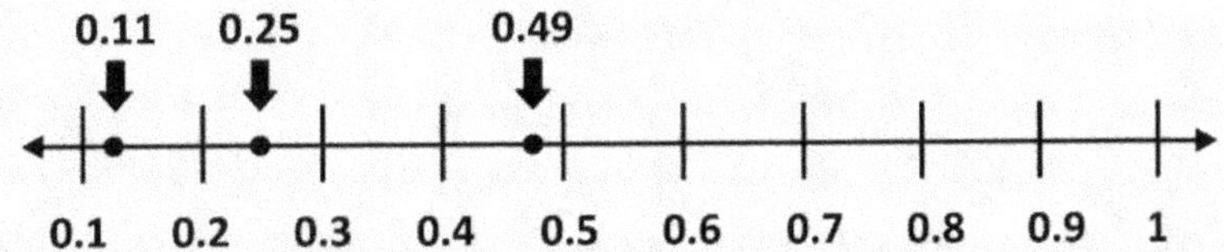

Respuesta: Comparando todos los números decimales, 0.11 es el número más pequeño.

EJERCICIO

Nota: Deberías practicar el convertir fracciones a números decimales y viceversa sin usar la calculadora.

1. ¿Cuál es el más grande, 3/4 o 0.71?

2. ¿Cuál número es el más pequeño?

    A. 2,85   C. 18/9

    B. 14/5   D. 2.81

3. ¿Cuál número es el más grande?

    A. 3.60   C. 2,95

    B. 1/20   D. 11/3

4. Usa una línea numérica para ordenar los números desde el más pequeño hasta el más grande.

$$9.08, 7.1, 10/4$$

5. Usa una línea numérica para ordenar los números desde el más grande hasta el más pequeño

$$1/10, 3/2, 3.33$$

6. Tu hermano, tu amigo y Pedro hicieron cada uno el mismo número de tiros libres en un juego de baloncesto. Pedro hace 0,58 de sus tiros libres; tu hermano hace 2/8 de sus tiros libres, y tu amigo hace 2/3 de sus tiros libres. ¿Quién hace el mayor número de tiros libres?

7. ¿Cuál número puedes sustituir por x en la lista para que los números estén ordenados desde el más pequeño hasta el más grande?

$$\frac{7}{x}, \frac{x}{14}, 5.14$$

    A. 1   C. 15

    B. 8   D. 3

8. ¿Cuál número puedes sustituir por z en la lista para que los números estén ordenados desde el más grande hasta el más pequeño?

$$\frac{z}{9}, 1.08, \frac{9}{z}$$

    A. 1   C. 5

    B. 10   D. 8

La siguiente tabla muestra las partes de la población mundial que viven en cuatro países.

País	Estados Unidos	China	Francia	Canadá
Parte de la población mundial	0.048	1/5	1/49	0.023

(Pregunta 9 a la 11)

9. ¿Cuál país es el más poblado?

10. ¿Cuál país es el menos poblado?

11. Ordena los países por población desde el menos poblado hasta el más poblado.

12. ¿Cuál es el más pequeño, 5.135 o 32/5?

13. ¿Cuál es el número más grande en la siguiente lista: 1/11, 1/10, 1/7 o 0.145?

14. Escribe estos números en orden de tamaño. Comienza con el número más pequeño.

$$2.72, 7/6, 4.88, 18/19$$

15. Observa los siguientes números:

$$24/9, 5/2, 0.29, 0.81, 0.36$$

Dos de los números son más grandes que 3/8. Dibuja un círculo sobre cada uno de los dos números.

16. Escribe estos números en orden de tamaño. Comienza con el número más grande.

$$1/50, 1/100, 1/25, 0.05$$

RESPUESTAS

1) 3/4

2) C

3) D

4) 10/4, 7.1, 9.08

5) 3.33, 3/2, 1/10

6) Amigo

7) C

8) B

9) China

10) Francia

11) Francia, Canadá, Estados Unidos, China

12) 5.135

13) 0.145

14) 18/19, 7/6, 2.72, 4.88

15) 2/5, 0.81

16) 0.05, 1/25, 1/50, 1/100

Sección 2: Aplicar propiedades de los números, incluyendo múltiplos y factores, tales como el mínimo común múltiplo, el máximo común divisor o la propiedad distributiva para rescribir expresiones numéricas.

Podemos usar la propiedad distributiva y el máximo común divisor (MCD) para reflejar una expresión numérica con un factor común como un múltiplo de la suma de dos números sin un factor común.

Ejemplo 1: Expresa 12 + 36 como un producto.

Paso 1: Encontramos el máximo común divisor de los dos números. Factorizamos ambos números en números primos.

$$12 = 2 \times 2 \times 3$$

$$36 = 2 \times 2 \times 3 \times 3$$

Paso 2: Identificamos los factores comunes que comparten ambos números y luego los multiplicamos.

$$12 = 2 \times 2 \times 3$$

$$36 = 2 \times 2 \times 3 \times 3$$

$$MCD = 2 \times 2 \times 3 = 12$$

Paso 3: Reescribimos la suma usando la propiedad distributiva.

$$12 + 36 = 12 (1 + 3)$$

Nota que ambas expresiones numéricas son equivalentes.

$$12 + 36 = 48$$

$$12(1 + 3) = 12 (4) = 48$$

Ejemplo 2: Halla el mínimo común múltiplo (MCM) de 18 y 24.

Paso 1: Factorizamos ambos números en números primos, alineando los números primos verticalmente cuando sea posible.

$$18 = 2 \times 3 \times 3$$

$$24 = 2 \times 2 \times 2 \times 3$$

Paso 2: Alineamos los números primos en cada columna y los bajamos. El mínimo común múltiplo es el producto de esos factores primos.

$$18 = \qquad\qquad 2 \times 3 \times 3$$
$$24 = 2 \times 2 \times 2 \times 3$$
$$\text{LCM} = 2 \times 2 \times 2 \times 3 \times 3 = 72$$

Respuesta: El mínimo común múltiplo de 18 y 24 es 72.

Múltiplos de 18 = 18, 36, 54, 72, 90, 108…

Múltiplos de 24 = 24, 48, 72, 96, 120…

EJERCICIOS

<u>Nota:</u> **El estudiante debería resolver problemas sobre la propiedad distributiva y cómo encontrar el máximo común divisor y el mínimo común múltiplo de dos números sin usar la calculadora.**

1. Usa el máximo común divisor (MCD) y la propiedad distributiva para rescribir la expresión como un producto.

$$24 + 30$$

2. Usa el máximo común divisor (MCD) y la propiedad distributiva para rescribir la expresión como un producto.

$$27 + 45$$

3. ¿Cuál de las siguientes opciones es equivalente a 45 + 270?

    A. 15(3 + 15)   C. 5(15 + 45)

    B. 45(1+4)   D. 5(9 + 54)

4. ¿Cuál de las siguientes opciones es equivalente a 18A + 9B?

    A. 18(B+2A)   C. 9(2A+B)

    B. 9(A+2B)   D. 3(6A+6B)

5. ¿Cuál de las siguientes opciones es verdadera?

    A. $10 + 100 = 5(2 + 15)$ C. $9(15 + 7) = 145 + 63$

    B. 100 es un múltiplo de 24   D. $5C + 15D = 5(C + 5D)$

6. ¿Cuál expresión es equivalente a $7(13 + 2D)$?

    A. $91 + 14D$ C. $20 + 14D$

    B. $13(7+2D)$ D. $7(13) + 2D$

7. Halla el valor de M para que las expresiones sean equivalentes.

$$38(6 + M); 228 + 432$$

8. Halla el mínimo común múltiplo (MCM) de 5 y 45.

9. Halla el mínimo común múltiplo (MCM) de 15 y 80.

10. Un florista quiere ordenar 16 ramos en diferentes filas. Averigua de cuántas maneras puede ordenar los ramos con el mismo número en cada fila.

(Pista: Hallar los factores de 16.)

11. La banda musical de una escuela secundaria ensaya con 10 o 24 miembros en cada fila. ¿Cuál es el menor número de personas que puede haber en la banda musical?

(Pista: Hallar el MCM de 10 y 24.)

12. Hallar el máximo común divisor de 32 y 60.

13. Hallar el máximo común divisor de 12 y 120

14. Los primeros 5 múltiplos de 9 son 9, 18, 27, X y 45. ¿Cuál es el valor de X?

15. Los factores de 32 son 1, 2, 4, 8, B y 32. ¿Cuál es el valor de B?

16. ¿Cuál es el valor de K en la siguiente expresión?

$$53(7 + 21) = K + 1{,}113$$

RESPUESTAS

1) $6(4 + 5)$

2) $3(9 + 15)$

3) D

4) C

5) C

6) A

7) 12

8) 45

9) 240

10) 1, 2, 4, 8 y 16 ramos (5 maneras)

11) 120 personas

12) 4

13) 12

14) 36

15) 16

16) 371

Sección 3: Aplicación de reglas de exponentes en expresiones numéricas con exponentes racionales para escribir expresiones equivalentes con exponentes racionales

Un exponente racional es un exponente que es una fracción. Por ejemplo, $3^{\frac{1}{2}}$ es un número con un exponente racional.

$$3^{\frac{1}{2}} \rightarrow \text{Exponente}$$

$$3 \downarrow \text{Base}$$

Podemos aplicar reglas de exponentes en expresiones numéricas para escribir expresiones equivalentes con exponentes racionales.

Ejemplo 1: Evalúa $(8)^{2/3}$

Paso 1: Tenemos una expresión con exponente racional. Factorizamos 8 en números primos.

$$8 = 2 \text{ x } 2 \text{ x } 2$$

Paso 2: Escribimos el producto usando exponentes.

$$8 = 2 \text{ x } 2 \text{ x } 2 = 2^3$$

Paso 3: Reescribimos 8 usando exponentes.

$$(8)^{2/3} = (2^3)^{2/3}$$

Paso 4: Aplicamos la regla de potencia de una potencia. Multiplicamos los exponentes y mantenemos la base igual.

$$(2^3)^{2/3} = 2^{3 \cdot \left(\frac{2}{3}\right)}$$

Paso 5: Simplificamos la expresión.

$$2^{3 \cdot \left(\frac{2}{3}\right)} = 2^{\frac{6}{3}} = 2^2 = 4$$

Respuesta:

$$(8)^{2/3} = 4$$

Ejemplo 1: Simplificar $2^{\frac{5}{2}} \cdot 2^{\frac{1}{2}}$

Paso 1: Tenemos dos expresiones con exponentes racionales. Aplicamos la regla del producto para potencias.

$$2^{\frac{5}{2}} \cdot 2^{\frac{1}{2}} = (2)^{\frac{5}{2}+\frac{1}{2}} = 2^{\frac{6}{2}}$$

Paso 2: Simplificamos la expresión.

$$2^{\frac{6}{2}} = 2^3 = 8$$

Respuesta:

$$2^{\frac{5}{2}} \cdot 2^{\frac{1}{2}} = \mathbf{8}$$

TABLA DE REGLAS DE EXPONENTES

NOMBRE DE LA REGLA	REGLA
Producto de potencia	Sumar los exponentes al multiplicar bases iguales: $a^m \times a^n = a^{m+n}$
División de potencias	Restar los exponentes al dividir bases iguales: $a^m \div a^n = a^{m-n}$
Potencia de una potencia	Multiplicar los exponentes al elevar una potencia por otra $(a^m)^n = a^{mn}$
Potencia de un producto	Distribuye la potencia a cada base al elevar varias variables $(ab)^m = a^m \times b^n$
Potencia cero	Cualquier base elevada a la potencia cero se convierte en 1 $a^0 = 1$

EJERCICIOS

<u>Nota</u>: **El estudiante debe practicar las reglas de exponentes y expresiones numéricas con exponentes racionales sin usar la calculadora.**

1. Evalúa $(16)^{1/2}$

2. Evalúa $(27)^{2/3}$

3. Simplifica la siguiente expresión utilizando la regla del producto.

$$2^{\frac{1}{2}} \cdot 2^{\frac{3}{2}}$$

4. Simplifica la siguiente expresión utilizando la regla del cociente.

$$6^{\frac{3}{2}} \div 6^{\frac{1}{2}}$$

5. ¿Qué expresión es equivalente a?

$$(7^7)^{1/7}?$$

A. 49

B. 7^2

C. 7

D. 1

6. ¿Qué expresión es equivalente a? $(8^{3/8})^8$

A. 64

B. 8^3

C. 8

D. 8^{24}

7. ¿Cuál de las siguientes afirmaciones es verdadera?

A. $(25)^{1/2} = 5^2$

B. $6^0 = 6$

C. $3^{1/2} \cdot 3^2 = 3$

D. $(81)^{1/2} = 9$

8. ¿Cuál es el valor de m en la siguiente expresión?

$$(5^{50})^m = 5^5$$

A. 10

B. 1/5

C. 5

D. 1/10

9. Evalúa la siguiente expresión. Simplifica tu respuesta.

$$(1000)^{2/3}$$

10. Simplifica la siguiente expresión utilizando las reglas de los exponentes.

$$(5)^{5/6} \cdot (5)^{1/6} \cdot 5^0$$

11. Simplifica la siguiente expresión utilizando las reglas de los exponentes.

$$\frac{(4)^{3/8} \cdot (4)^{1/8}}{(4)^{1/2}}$$

12. Evalúa $(49)^{0.5}$

(Sugerencia: convierte 0,5 en una fracción).

13. Simplifica $(2^{0.75})^4$

(Sugerencia: convierte los decimales en fracciones).

14. Encuentra el valor de x en la siguiente expresión.

$$(8^x)^{1/4} = 8^5$$

15. Simplifica la siguiente expresión utilizando las reglas de los exponentes.

$$(10^{10} \cdot 10^{20})^{1/10}$$

16. Encuentra el valor de b en la siguiente expresión.

$$(32)^{3/5} = 2^b$$

RESPUESTAS

1) 4	7) D	13) 8
2) 9	8) D	14) 20
3) 4	9) 100	15) 1000
4) 6	10) 5	16) 3
5) C	11) 1	
6) B	12) 7	

Sección 4: Identificar el valor absoluto de un número racional, que es su distancia desde 0 en la recta numérica.

Determinar la distancia entre dos números racionales en la recta numérica utilizando el valor absoluto de su diferencia.

El valor absoluto de un número es su distancia al cero en una recta numérica. Por ejemplo, 1 y -1 tienen el mismo valor absoluto: 1.

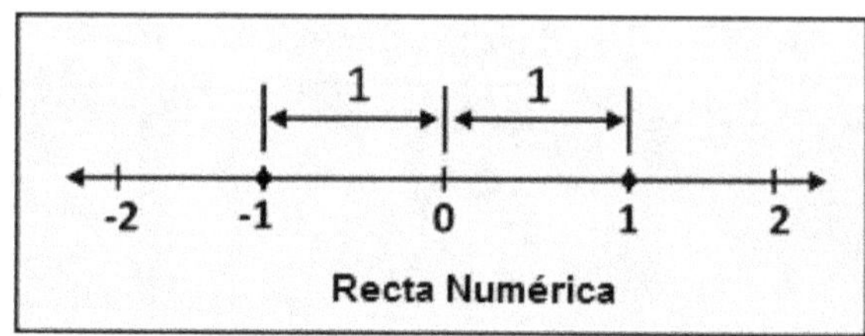

Por lo tanto, el valor absoluto de un número positivo es el número en sí, y el valor absoluto de un número negativo es el número sin el signo menos. Utiliza líneas verticales alrededor de un número para mostrar el valor absoluto. Por ejemplo, el valor absoluto de A se escribe como $|A|$

Ejemplo 1: Evalúa $|-5| + |3|$

Paso 1: Primero, hallamos el valor de $|-5|$. El valor absoluto de un número negativo es el número sin el signo menos. Por lo tanto, tenemos:

$$|-5| = 5$$

Paso 2: El valor absoluto de un número positivo es el número mismo, por lo que $|3| = 3$.

Paso 3: Por lo tanto, obtenemos lo siguiente:

$$|-5|+|3| = 5 + 3 = \mathbf{8}$$

Ejemplo 2: Evalúa $|-10 + 4|$

Paso 1: Primero, hacemos la suma. Recordemos: al sumar un entero negativo y uno positivo, restamos los enteros y escribimos el signo del mayor valor. Así, tenemos lo siguiente:

$$-10 + 4 = -6$$

Paso 2: Entonces, obtenemos:

$$|-10 + 4| = |-6| = \mathbf{6}$$

Podemos hallar la distancia entre dos números racionales utilizando el valor absoluto. Si a y b son números racionales en una recta numérica, entonces la distancia entre a y b es $|a - b|$. La distancia siempre es positiva.

En otras palabras, para encontrar la distancia entre dos números racionales, restamos los números en cualquier orden y tomamos el valor absoluto del resultado.

Ejemplo 1: Hallar la distancia entre y 6 y -4

Paso 1: La distancia entre ambos números es $|-4 - 6|$

Paso 2: Realizamos la resta. Recuerda: Si los signos son iguales, sumamos los números y mantenemos el mismo signo (regla de signos).

$$-4 - 6 = -10$$

Paso 3: Tomamos el valor absoluto del resultado.

$$|-10| = 10$$

Respuesta: La distancia entre -4 y 6 es **10.**

Podemos contar el número de unidades entre los números en una línea numérica para obtener el mismo resultado.

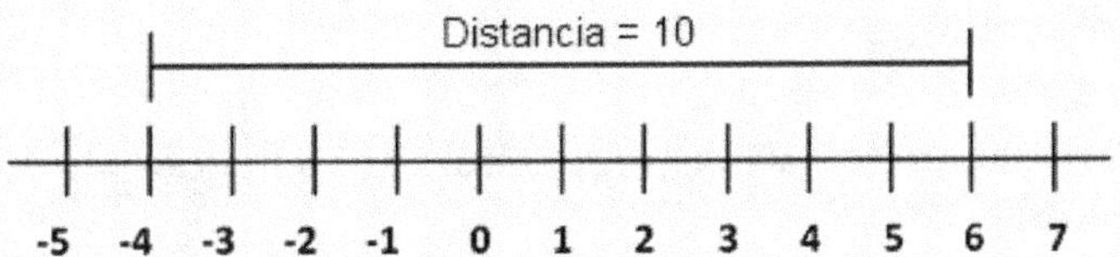

Ejemplo 2: Hallar la distancia entre -5 y -9

Paso 1: La distancia entre ambos números es $|-5 - (-9)|$

Paso 2: Realizamos la resta. Recuerda: Restar un entero negativo de otro entero negativo es igual a sumar el positivo de ese entero.

$$-5 - (-9) = -5 + 9 = 4$$

Paso 3: Tomamos el valor absoluto del resultado.

$$|4| = 4$$

Respuesta: La distancia entre -5 y -9 es **4.**

EJERCICIOS

Nota: El estudiante debe evaluar expresiones numéricas con valores absolutos sin utilizar la calculadora.

1. Evalúa $|-12| + |5|$

2. Evalúa $|20| - |-8|$

3. ¿Cuál de las siguientes afirmaciones es verdadera?

   A. $-|-1| = 1$ C. $|-2 - 8| = -10$

   B. $|-15 + 10| = 5$ D. $|-3| + 3 = 0$

4. Halla la distancia entre 8 y -13.

5. Halla la distancia entre -14 y -9

6. ¿Qué expresión podemos usar para encontrar la distancia entre p y -6?

   A. $|p - 6|$ C. $|p + 6|$

   B. $|6 - p|$ D. $|p| - 6$

7. Evalúa $|-12| - |-17| + |23|$.

8. Encuentra el cambio de temperatura si la temperatura aumenta de °F a 19 °F. -11

9. En la siguiente tabla se muestran las temperaturas máximas de tres ciudades.

Ciudad	Temperatura (°F)
A	101
B	-123
C	-108

¿En qué ciudad la temperatura estuvo más alejada de cero?

10. Evalúa $|-20 - 20| - |-20|$

11. ¿Cuál es la distancia entre el punto A y el punto B?

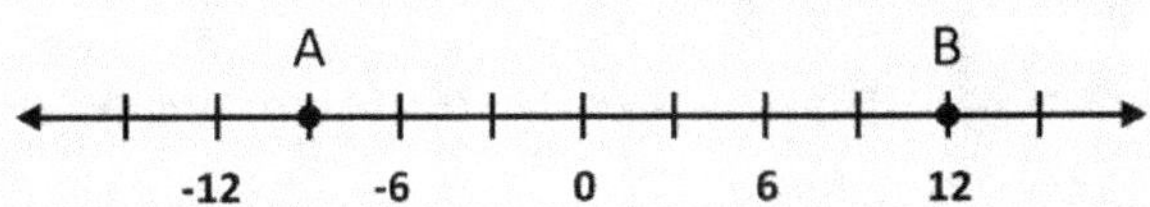

12. Halla la distancia entre -8.15 y 7.36

13. Evalúa la siguiente expresión.

$$|-7.5 + 15.5| - |16 - 21|$$

14. ¿Qué número tiene el mayor valor?

A. $|-3|$

B. $|4|$

C. $-|-2|$

D. $\left|-\dfrac{10}{2}\right|$

15. Encuentra la distancia entre $6/5$ y -3.5

(Sugerencia: Convierte la fracción a decimal).

16. Evalúa la siguiente expresión.

$$-|-3 - 5 - 7|$$

RESPUESTAS

1) 17	7) 18	13) 3
2) 12	8) 30 °F	14) D
3) B	9) Ciudad B	15) 4.7
4) 21	10) 20	16) -15
5) 5	11) 21	
6) C	12) 15.51	

REFLEXIÓN SOBRE EL APRENDIZAJE

Responde las siguientes preguntas de reflexión y siéntete libre de discutir tus respuestas con tu maestro o un compañero de clase.

1- ¿Qué idea, principio o estructura de matemáticas de GED aprendiste en este capítulo?

2- ¿Qué conceptos y terminología matemática aprendiste en este capítulo?

3- ¿Qué procedimientos o métodos trabajaste en esta sección?

4- ¿Qué aspecto de este apartado aún no te queda 100 % claro?

5- ¿Qué más quieres que sepa tu profesor?

CAPÍTULO 2:
RAZONES, PORCENTAJES Y FACTORES DE ESCALA

Cálculo y uso de proporciones, porcentajes y factores de escala

CONCEPTOS Y TERMINOLOGÍA MATEMÁTICA

Razón	Una comparación de dos cantidades iguales.
Tasa	Una comparación de dos cantidades diferentes con unidades diferentes
Tasa unitaria	Una tasa donde la segunda cantidad es una unidad
Factor de escala	La relación que obtenemos cuando dividimos las longitudes de los lados correspondientes de figuras similares
Proporción	Dos razones que se han establecido como iguales entre sí.
Porcentaje	La relación entre la parte y el todo donde el valor del todo siempre se toma como 100.

Sección 1: Cálculo de las tasas unitarias

Una tasa unitaria es una tasa en la que la segunda cantidad es una unidad, como $ 12 por kilogramo o 70 kilómetros por hora. "Por kilogramo" y "por hora" son las segundas cantidades en cada proporción.

Ejemplo 1: La semana pasada, a Luis le pagaron 600 dólares por trabajar 48 horas. ¿Cuál es su salario por hora?

Paso 1: Escribimos las cantidades como tasa.

$$\frac{\$\,600}{48 \text{ horas}}$$

Paso 2: Dividimos para encontrar la tasa unitaria.

$$\frac{\$\,600}{48 \text{ horas}} = \$\,12.50 \; \textit{por hora}$$

Respuesta: La tasa de pago de Luis es de **$ 12.50** por hora.

Ejemplo 2: Carmen puede correr 5/2 millas en 3/5 de hora. Hallar la velocidad en millas por hora.

Paso 1: Escribimos las cantidades como tasa.

$$\frac{\frac{5}{2}\,millas}{\frac{3}{5}\;hora}$$

Paso 2: Dividimos para hallar la tasa unitaria. Recuerda: Para dividir fracciones, tomamos el recíproco del divisor (la fracción invertida) y multiplicamos por el dividendo.

$$\frac{5}{2} \div \frac{3}{5} = \frac{5}{2} \cdot \frac{5}{3} = \frac{25}{6}$$

Paso 3: Dividimos 25 entre 6. Redondeamos la respuesta a la décima más cercana.

$$\frac{25}{6} = 4.2$$

Respuesta: La velocidad unitaria es de **4.2 millas por hora**.

EJERCICIOS

<u>Nota</u>**: El estudiante debe practicar problemas de identificación y cálculo de tasas unitarias sin utilizar la calculadora.**

1. Una tienda vende 9 camisas por $ 135. ¿Cuál es el costo por camisa?

2. Teresa recorre 600 millas con su automóvil y consume 24 galones de gasolina. ¿Cuántas millas por galón consume su automóvil?

3. ¿Cuál de las siguientes es una tasa unitaria?

   A. 47 millas cuadradas

   B. 2.45 pies cúbicos

   C. 75 personas por minuto

   D. 8.4 horas y 6 minutos

4. Si conduces 135 millas y usas 9 galones de gasolina, ¿cuál es tu tasa unitaria de consumo de gasolina?

5. ¿Qué producto tiene un precio unitario más bajo?

Producto	Costo	Cantidad
A	$ 144	16 libras
B	$ 154	11 libras

6. Alfredo le paga a una empresa 216 dólares cada 12 meses para alojar su sitio web. ¿Cuánto paga Alfredo al mes?

7. Una tienda de comestibles cobra $ 4.50 por una caja de 18 botellas de agua. Halla el precio unitario.

8. Una bomba de agua puede bombear 225 galones en una piscina en 12.5 minutos. ¿Cuál es la tasa de bombeo de la bomba en galones por minuto?

   A. 22

   B. 20

   C. 16

   D. 18

9. Manuel recorre 60 millas en 6/5 horas. Halla la velocidad en millas por hora.

10. Compara el costo por onza para determinar qué marca es más barata.

Arroz marca A: $ 8.16 por 24 onzas

Arroz marca B: $ 7.55 por 18 onzas

11. Selecciona una tasa que sea unitaria. Encierra en un círculo todas las opciones que correspondan.

   A. 3/4 taza por porción

   B. 18 millas cuadradas/200 personas

   C. 59 pies/4 minutos

   D. 28 cajas/$ 1

   E. 81 cajas/$ 12

12. Juan corrió 310 yardas en 50 segundos. Carlos corrió 260 yardas en 32 segundos. ¿Quién corrió más rápido?

13. María está comprando detergente para la ropa. En el supermercado, el detergente líquido cuesta $ 22.50 por 78 cargas de ropa, y la misma marca de detergente en polvo cuesta $ 21.55 por 84 cargas. ¿Cuál es la mejor compra, el detergente líquido o el detergente en polvo?

14. ¿Cuál de las siguientes afirmaciones es verdadera?

A. 49 páginas/2 minutos es una tasa unitaria

B. Pantalones $ 522/42 = $ 12.43 por par de pantalones

C. 80 personas/6 minutos = 13.3 minutos por persona

D. 1000 millas/8 horas = 12.5 millas por hora

15. Diana quiere participar en un concurso de mecanografía. Para participar, hay que escribir 45 palabras por minuto. Diana tardó 12 segundos en escribir 8 palabras. ¿Ella puede participar en el concurso?

16. Claudio recorre 16/5 millas en 3/5 de hora. Halla la velocidad en millas por hora. (Redondea tu respuesta a la décima más cercana).

RESPUESTAS

1) 15 por camiseta

2) 25 millas por galón

3) C

4) 15 millas por galón

5) Producto A

6) $ 18 por mes

7) $ 0,25 por botella

8) D

9) 50 millas por hora

10) Marca A

11) A y D

12) Carlos

13) Detergente en polvo

14) B

15) No

16) 5.3 millas por hora

Sección 2: Uso de factores de escala para determinar la magnitud de un cambio de tamaño.

En dos figuras similares, la razón de sus lados correspondientes se denomina factor de escala. Para hallar el factor de escala, debemos hallar dos lados correspondientes, uno en cada figura. Luego, escribimos la razón de la longitud de uno con respecto al otro para hallar el factor de escala de una figura con respecto a otra.

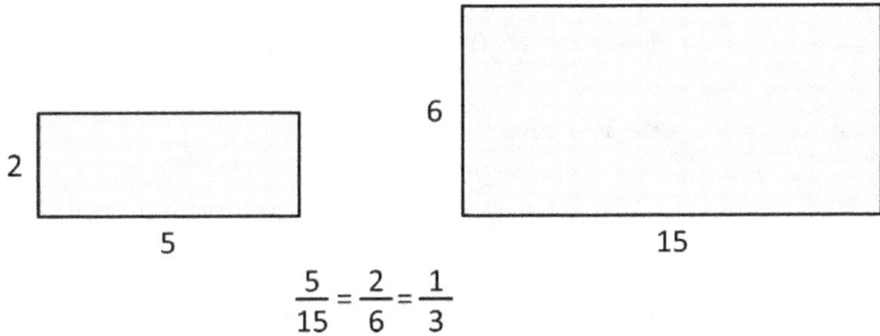

$$\frac{5}{15} = \frac{2}{6} = \frac{1}{3}$$

Estos dos rectángulos similares tienen un factor de escala de 1:3 desde el rectángulo pequeño hasta el rectángulo grande.

Ejemplo 1: Se hace una maqueta de un edificio utilizando la siguiente escala: 2 pulgadas = 7 pies. Si la altura del edificio es de 40 pies, ¿cuál es la altura de la maqueta?

Paso 1: Siendo x la altura del modelo en miniatura.

Paso 2: Escribimos la proporción que representa el problema.

$$\frac{2 \text{ pulgadas}}{7 \text{ pies}} = \frac{x}{40 \text{ pies}}$$

Paso 3: Aplicamos productos cruzados.

$$\frac{2 \text{ pulgadas}}{7 \text{ pies}} = \frac{x}{40 \text{ pies}} \implies (7 \text{ pulgadas}) \cdot x = (2 \text{ pulgadas}) \cdot (40 \text{ pies})$$

Paso 4: Tenemos una ecuación. Resolvemos la ecuación.

$$\implies (7 \text{ pulgadas}) \cdot x = (2 \text{ pulgadas}) \cdot (40 \text{ pies})$$

$$\implies x = \frac{(2 \text{ pulgadas}) \cdot (40 \text{ pies})}{7 \text{ pies}} = \frac{80 \text{ pulgadas} \cdot \text{pies}}{7 \text{ pies}} = 11.43 \text{ pulgadas}$$

Respuesta: La altura del modelo en miniatura es de **11.43 pulgadas.**

Ejemplo 2: Los siguientes triángulos son semejantes. Encuentra los lados que faltan.

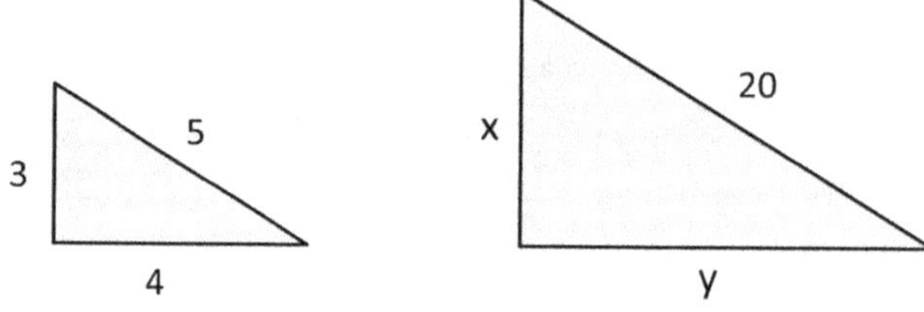

Paso 1: Hallamos el factor de escala observando cómo podemos pasar de 5 a 20 (lados correspondientes).

En este caso, multiplicamos por 4, por lo tanto

$$\Rightarrow \text{factor de escala} = 4$$

Paso 2: Multiplicamos todos los lados del triángulo pequeño para obtener los lados del triángulo más grande.

$$x = 3 \cdot 4 = \mathbf{12}$$

$$y = 4 \cdot 4 = \mathbf{16}$$

Respuesta:

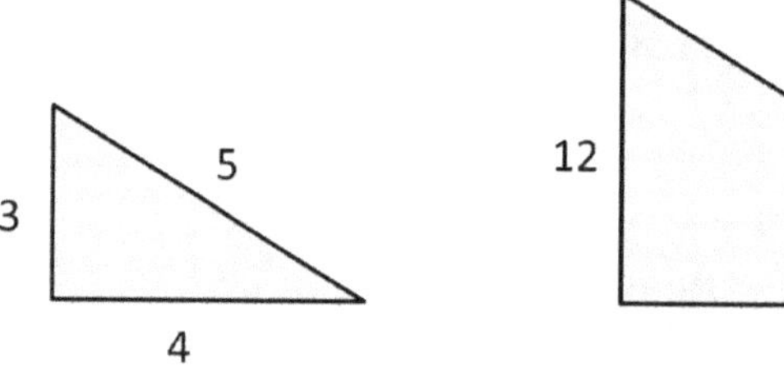

EJERCICIOS

<u>Nota</u>: **El estudiante debe practicar problemas sobre proporciones y factores de escala sin utilizar la calculadora.**

1. Los siguientes rectángulos son semejantes. Halla x.

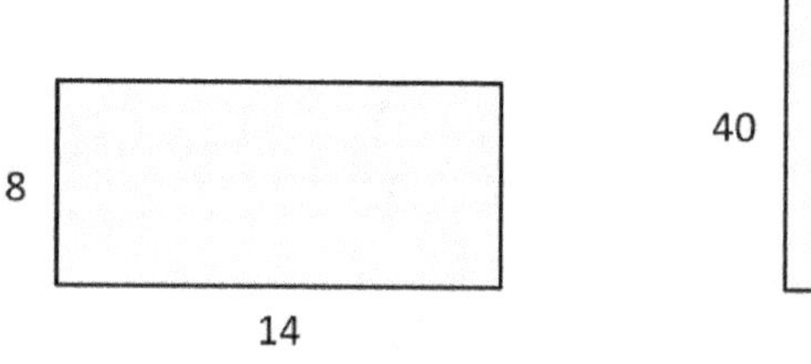

2. Un mapa tiene una escala de 2 pulgadas: 15 millas. Si dos ciudades están separadas por 10 pulgadas en el mapa, ¿a qué distancia están realmente?

3. Las siguientes figuras son semejantes. Hallar el valor de b.

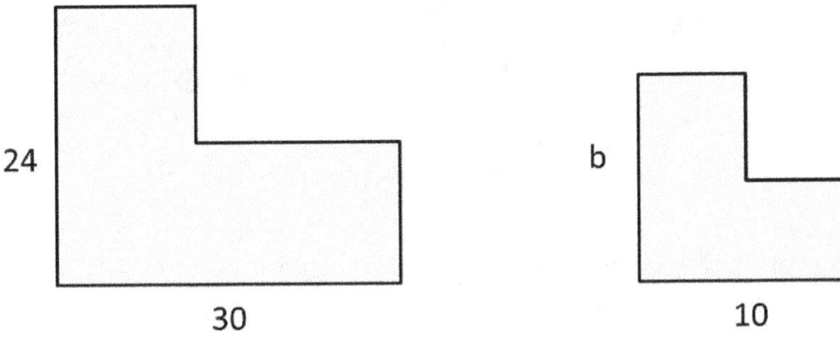

4. Si el factor de escala es mayor que 1, entonces el tamaño de la nueva forma es:

A. Más grande.

C. Mismo tamaño.

B. Más pequeño.

D. Ninguna de las anteriores

5. Un dibujo arquitectónico tiene una escala de 5 pulgadas = 10 pies. Si la cocina mide 20 pies por 10 pies en la vida real, ¿cuál es su tamaño en el dibujo?

6. Se dibuja un poste de luz utilizando la escala 1 pulgada = 5 pies. El poste de luz mide 10 pulgadas en el dibujo. ¿Cuál expresión podemos usar para encontrar la altura real (h) del poste de luz?

A. $\frac{h}{5} = \frac{1}{10}$

C. $\frac{1}{5} = \frac{10}{h}$

B. $\frac{5}{h} = \frac{10}{1}$

D. $\frac{1}{h} = \frac{5}{10}$

7. Halla la distancia entre la Ciudad A y la Ciudad B si están separadas por 3.5 pies en un mapa con una escala de 2 pies = 12 millas.

8. El rectángulo B es una ampliación del rectángulo A. ¿Cuál es el factor de escala de la ampliación?

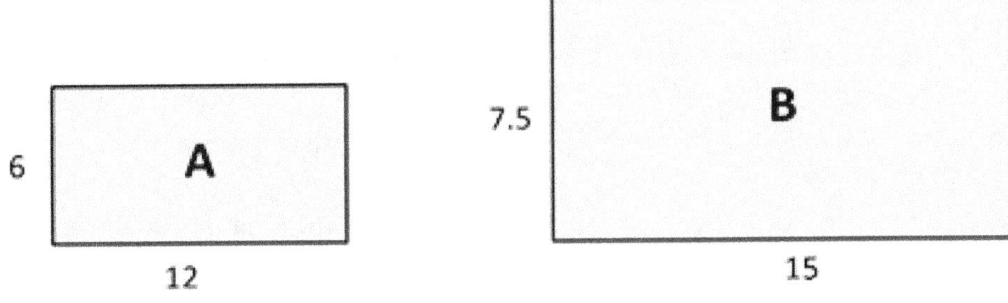

9. Las siguientes figuras son semejantes. Hallar x.

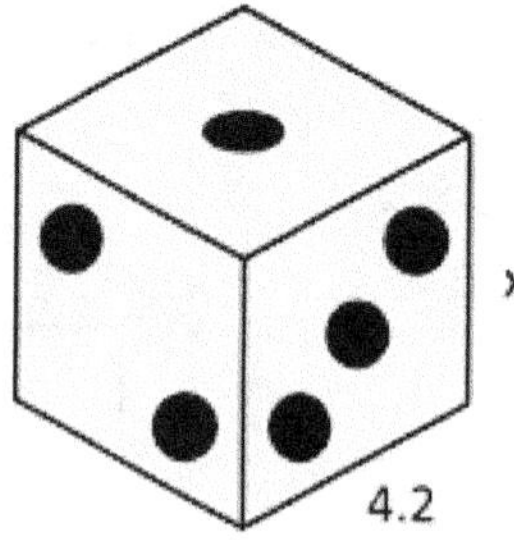
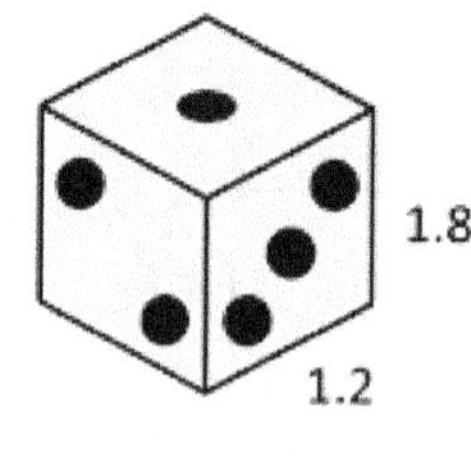

10. Si un triángulo tuviera lados de 5, 12 y 13, ¿cuáles serían los nuevos lados de un triángulo similar que hubiera sido ampliado por un factor de escala de 3.2?

11. Los triángulos A y B son copias a escala. ¿Qué factor de escala se aplicó al triángulo A para obtener el triángulo B?

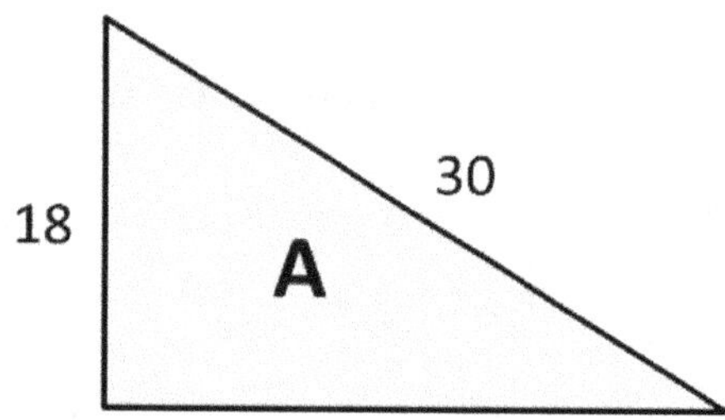
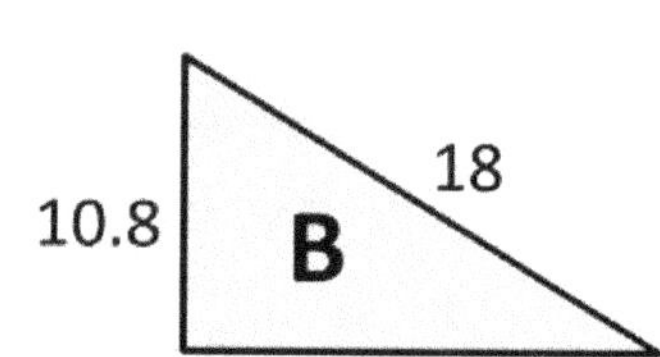

12. Un triángulo tiene lados de 13, 20 y 30. El triángulo se redujo por un factor de 1/5. Halla las longitudes de los lados del nuevo triángulo.

13. El factor de escala de la figura A a la figura B es 1: 0.7. Hallar x e y.

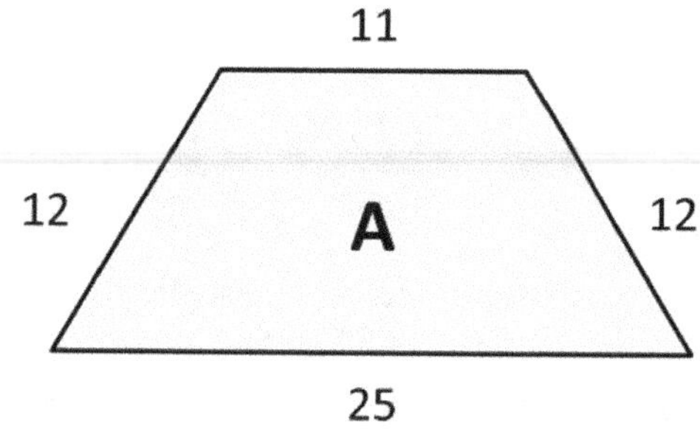
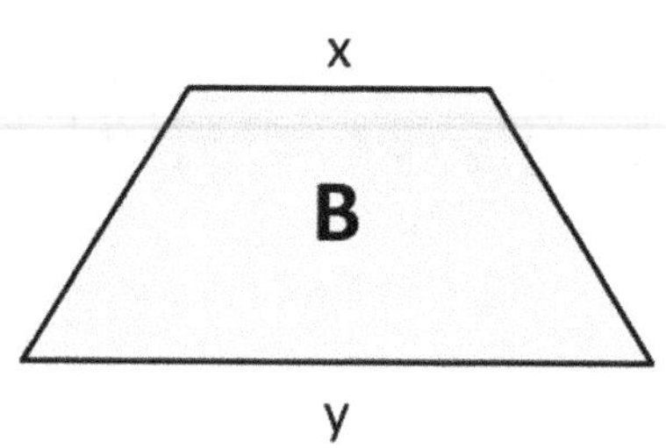

14. Si el factor de escala es 7/6, entonces el tamaño de la nueva forma es:

A. Más pequeño.

B. Más grande.

C. Mismo tamaño.

D. Ninguna de las anteriores

15. El rectángulo M mide 30 pulgadas por 24 pulgadas. El rectángulo N es una copia a escala del rectángulo M. Selecciona todos los pares de medidas que podrían ser las dimensiones del rectángulo N.

A. 10 pulgadas por 4 pulgadas

B. 480 pulgadas por 384 pulgadas.

C. 3 pulgadas por 4 pulgadas

D. 48,60 pulgadas por 38,88 pulgadas.

E. 90 pulgadas por 70 pulgadas.

16. La distancia del punto A al punto B en un dibujo a escala es de 5.5 pulgadas. Si la escala es de 5 pulgadas por 10.5 pies, ¿cuál es la distancia real de A a B?

RESPUESTAS

1. 70

2. 75 millas

3. 8

4. A

5. 10 pies por 5 pies

6. C

7. 21 millas

8. 1.25

9. 6.3

10. 16, 38.4 y 41.6

11. 0,6

12. 2.6, 4 y 6

13. x = 7.8, y = 17.5

14. B

15. B y D

16. 11.55 pies.

Sección 3: Resolver problemas aritméticos, de varios pasos y de la vida real, utilizando razones o proporciones, incluyendo aquellas que requieren la conversión de unidades de medida.

Una proporción es una ecuación en la que las dos razones dadas son equivalentes entre sí. Se puede escribir de la siguiente manera:

$$\frac{A}{B} = \frac{C}{D}$$

Cuando dos razones son iguales, entonces los productos cruzados de las razones son iguales.

$$\frac{A}{B} = \frac{C}{D} \Rightarrow A \cdot D = B \cdot C$$

Podemos interpretar y utilizar razones y proporciones para resolver problemas de varios pasos que involucren mediciones.

Ejemplo 1: Una receta requiere 12 onzas de azúcar por cada 24 onzas de harina. Si se deben preparar 60 onzas del dulce, ¿cuánta azúcar se necesita?

Paso 1: Siendo x la cantidad de azúcar requerida.

Paso 2: 12 onzas de azúcar añadidas a 24 onzas de harina constituyen un total de 36 onzas de dulce. Por lo tanto, la proporción de onzas de azúcar a onzas de dulce es 12 : 36.

Paso 3: Establecemos la proporción que representa el problema.

$$\frac{12}{36} = \frac{x}{60}$$

Paso 4: Aplicamos productos cruzados.

$$\frac{12}{36} = \frac{x}{60} \Rightarrow 36x = 12 \cdot 60 \Rightarrow 36x = 720$$

Paso 5: Tenemos una ecuación. Resolvemos la ecuación.

$$36x = 720 \Rightarrow x = \frac{720}{36} = 20$$

Respuesta: La cantidad de azúcar necesaria es de **20 onzas.**

Ejemplo 2: La clase del señor Ramírez tiene 40 estudiantes, de los cuales 18 son niñas. Escribe la razón entre niñas y niños.

Paso 1: Hallamos el número de niños en la clase.

$$40 - 18 = 22 \text{ niños}$$

Paso 2: Escribimos la razón de niñas a niños como una fracción.

$$\frac{18}{22}$$

Paso 3: Simplificamos la fracción.

$$\frac{18}{22} = \frac{9}{11}$$

Respuesta: La proporción de niñas y niños es de **9 : 11.**

EJERCICIOS DE PRÁCTICA

Nota: El estudiante debe practicar problemas usando razones o proporciones sin usar la calculadora.

1. Ana escribe 210 palabras en 3 minutos. ¿Cuánto tiempo le lleva escribir 840 palabras?

2. Gabriel llena su tanque de gasolina con 12 galones de gasolina premium a un costo de $ 48. ¿Cuánto costaría llenar un tanque de 60 galones?

3. Hay 12 mujeres y 16 hombres en un salón. ¿Cuál es la razón entre el número de mujeres y el número total de personas?

   A. 3:4　　　　　　　　　　　　C. 7:3

   B. 3:7　　　　　　　　　　　　D. 2:5

4. La moneda que se utiliza en Arabia Saudita se llama riyal. El tipo de cambio es de 4 riyales por 1 dólar. Calcula cuántos Riyales recibirías si cambiaras 48.50 dólares.

5. En una bolsa de caramelos, la proporción de caramelos azules y rojos es de 5:6. Si la bolsa contiene 126 caramelos rojos, ¿cuántos caramelos azules hay?

6. Un almacén tiene 64 pies de largo y 48 pies de ancho. Halla la razón entre su ancho y su largo.

7. En un mapa, 2 pulgadas equivalen a 9 millas. Si dos lugares están separados por 670 millas, ¿cuál es su distancia en el mapa? (Redondea tu respuesta a la décima más cercana).

8. La razón entre el número de hombres y mujeres en un club es 7:5. Si hay 115 mujeres, encuentra el número total de personas en el club.

9. Victoria puede limpiar un terreno de 1400 metros cuadrados en 2.5 horas. A ese ritmo, ¿cuánto tiempo le llevaría limpiar un terreno de 5040 metros cuadrados?

10. Si puedes comprar una lata de frijoles negros por $ 1.98, ¿cuántos puedes comprar con $ 200?

11. Si 20 libras de caramelos cuestan $ 34,95, ¿cuánto costarían 3 libras? (Redondea tu respuesta al centavo más cercano).

12. En un parque, la razón entre pájaros y ardillas es 7:m. Había 217 pájaros y 93 ardillas en el parque. ¿Cuál es el valor de m?

A. 6

B. 13

C. 5

D. 3

13. En una caja de 232 manzanas, 3 de cada 8 manzanas están podridas. ¿Cuántas manzanas podridas hay en la caja?

14. La moneda de Japón es el yen. El tipo de cambio es de aproximadamente 1 dólar = 109.90 yenes. ¿Cuántos dólares obtendríamos si intercambiáramos 2500 yenes? (Redondea tu respuesta al centavo más cercano).

15. Un árbol de 44.6 pies de altura proyecta una sombra de 32 pies. Halla la altura de un árbol que proyecta una sombra de 41 pies en condiciones similares. (Redondea tu respuesta a la décima más cercana).

16. Un automóvil recorre 30 kilómetros en 24 minutos. Si la velocidad permanece constante, ¿qué distancia puede recorrer en 6.5 horas?

RESPUESTAS

1) 12 minutos	7) 148,9 pulgadas	13) 87
2) $240	8) 276	14) $ 22.75
3) B	9) 9 horas	15) 57.1 pies
4) 194 riyales	10) 101 latas	16) 308.75 millas
5) 105	11) $5.24	
6) 3:4	12) D	

Sección 4: Resolución de problemas aritméticos y de la vida real que involucran porcentajes.

Un porcentaje significa "por 100". Podemos usar el signo de porcentaje (%) para escribir una fracción con un denominador común de 100. Por ejemplo, en lugar de decir "45 de 100 animales son pájaros", podemos decir "45 % de los animales son pájaros". Un porcentaje también se puede expresar como fracción o decimal.

Ejemplo 1: En una clase de 40 estudiantes, 24 son mujeres. ¿Cuál es el porcentaje de estudiantes mujeres en la clase?

Paso 1: Escribimos la fracción de la clase que es femenina.

$$\frac{24}{40}$$

Paso 2: Simplificamos la fracción.

$$\frac{24}{40} = \frac{3}{5}$$

Paso 3: Escribimos la fracción como decimal.

$$\frac{3}{5} = 0.6$$

Paso 4: Para expresar el número decimal como porcentaje, multiplicamos por 100 y agregamos un signo de porcentaje.

$$0.6 \times 100\,\% = 60\,\%$$

Respuesta: El porcentaje de estudiantes mujeres es del **60 %**.

Podemos usar proporciones para resolver el mismo problema:

Paso 1: Observamos que 40 estudiantes representan el 100 % de la clase. Por lo tanto, podemos escribir la proporción que ilustra el problema de manera que x sea el porcentaje requerido.

$$\frac{40}{100\,\%} = \frac{24}{x}$$

Paso 2: Aplicamos productos cruzados.

$$\frac{40}{100\,\%} = \frac{24}{x} \implies 40x = 24 \cdot 100\,\% \implies 40x = 2400\,\%$$

Paso 3: Tenemos una ecuación. Resolvemos la ecuación.

$$40x = 2400\,\% \implies x = \frac{2400\,\%}{40} = \mathbf{60\,\%}$$

Ejemplo 2: Un producto costaba \$ 350. Durante una oferta, su precio se redujo en un 20 %. ¿Cuál fue el nuevo costo?

Paso 1: Hallamos el 20 % de \$ 350.

$$20\,\% \text{ de } \$\,350 = \frac{20}{100} \times \$\,350$$

Paso 2: Simplificamos la fracción y hacemos el producto.

$$\frac{20}{100} \times \$\,350 = \frac{1}{5} \times \$\,350 = \frac{\$\,350}{5} = \$\,70$$

Paso 3: Restamos el valor del paso 2 del costo original.

$$\$\,350 - \$\,70 = \$\,280$$

Respuesta: El costo fue de **\$ 280.**

EJERCICIOS

Nota: El estudiante debe practicar problemas utilizando porcentajes sin usar la calculadora.

1. Hay 60 estudiantes en una clase. Si el 5 % falta el miércoles, ¿cuál es el número de estudiantes presentes en la clase?

2. Un lanzador de béisbol ganó el 60 % de los juegos en los que jugó. Si jugó 25 juegos, ¿cuántos juegos ganó?

3. Jaime trabajaba 8 meses al año. ¿Qué porcentaje del año trabajaba?

    A. 70 %   C. 66.7 %

    B. 65 %   D. 72 %

4. Un estudiante obtuvo una calificación de 75 % en un examen de matemáticas que tenía 40 problemas. ¿Cuántos problemas de este examen respondió incorrectamente el estudiante?

5. De los 120 empleados de una empresa, 30 son trabajadores eventuales. ¿Qué porcentaje de los trabajadores son eventuales?

6. Una organización ha recaudado $ 5200 para un proyecto de remodelación. Esto representa el 65 % de su objetivo. ¿Cuál es su objetivo de recaudación de fondos?

   (Pista: puedes usar una proporción para resolver el problema).

7. Un artículo cuyo precio inicial era de $ 310 tiene un descuento del 25 %. ¿Cuál es el precio de oferta?

8. Tu hermana hace dieta y pasa de 150 libras a 120 libras. ¿Cuál fue su porcentaje de pérdida de peso?

   (Pista: puedes usar una proporción para resolver el problema).

(Preguntas 9 y 10)

En una encuesta se preguntó a 300 personas si fumaban y hacían ejercicio regularmente. Los resultados se resumen en la siguiente tabla:

	Fuma	**No fuma**
Hace ejercicio regularmente	48	80
No hace ejercicio regularmente	76	96

9. ¿Qué porcentaje de personas no fuman? (Redondea tu respuesta a la décima más cercana).

10. ¿Qué porcentaje de personas hace ejercicio regularmente? (Redondea tu respuesta a la décima más cercana).

11. El impuesto a las ventas en una determinada comunidad es del 6 %. Si el impuesto a las ventas de un automóvil nuevo es de $ 1500, ¿cuál fue el precio de venta del automóvil?

12. En 2010, la población de una ciudad era de 482500 habitantes. En 2023, la población había aumentado un 5 %. Calcula la población en 2023.

13. Una caja contenía 2500 barras de chocolate. El 64 % de las barras de chocolate se repartieron entre los niños. ¿Cuántas barras de chocolate quedaron en la caja?

14. Un vendedor de frutas compró 2650 naranjas. El 8% de las naranjas estaban podridas. Hallar la cantidad de naranjas que estaban podridas.

15. Una empresa otorga un bono del 7.5 % del salario anual total a cada empleado. Si un empleado recibe un salario mensual de $2840, ¿cuánto recibirá como bono?

16. Una computadora portátil cuesta $ 625.90. Hay un impuesto a las ventas del 6.8 %. ¿Cuál es el costo total de la computadora portátil? (Redondea tu respuesta al centavo más cercano).

RESPUESTAS

1) 57	7) $ 232.5	13) 900
2) 15	8) 20 %	14) 212
3) C	9) 58.7 %	15) $ 2556
4) 10	10) 42.7 %	16) $ 668.46
5) 25 %	11) $ 25000	
6) $ 8000	12) 506625 personas	

REFLEXIÓN SOBRE EL APRENDIZAJE

Responde las siguientes preguntas de reflexión y siéntete libre de discutir tus respuestas con tu maestro o un compañero de clase.

1- ¿Qué idea, principio o estructura de matemáticas de GED aprendiste en este capítulo?

2- ¿Qué conceptos y terminología matemática aprendiste en este capítulo?

3- ¿Qué procedimientos o métodos trabajaste en esta sección?

4- ¿Qué aspecto de este apartado aún no te queda 100 % claro?

5- ¿Qué más quieres que sepa tu profesor?

CAPÍTULO 3:
DIMENSIONES, PERÍMETROS, CIRCUNFERENCIAS Y ÁREAS DE FIGURAS 2D

Cálculo de dimensiones, perímetros, circunferencias y áreas de figuras bidimensionales.

Conceptos y terminología matemática

Perímetro	La distancia alrededor de una forma bidimensional.
Área	El espacio ocupado por una forma plana o la superficie de una figura.
Unidades de área	Las unidades para medir la superficie: cm^2, mm^2, m^2 y km^2
Circunferencia	El perímetro del círculo.
Círculo	Una figura redonda cerrada en la que todos los puntos límite son equidistantes de un punto fijo llamado centro.
Polígono	Una figura cerrada donde los lados son todos segmentos de línea.

Sección 1: Cálculo del área y el perímetro de triángulos y rectángulos

Para calcular el perímetro de un triángulo, se suman las longitudes de sus lados. Por ejemplo, si el triángulo tiene lados a, b y c, entonces el perímetro de ese triángulo será P = a + b + c.

Para encontrar el área de un triángulo, multiplica la base por la altura y luego se divide entre 2.

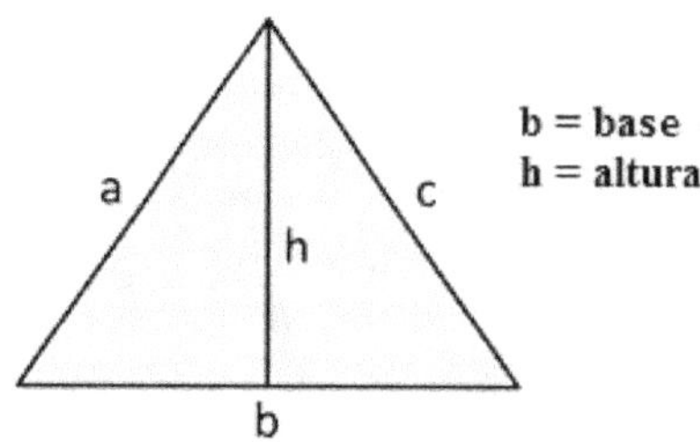

$$\text{Perímetro} \implies P = a + b + c$$

$$\text{Área} = \frac{b \cdot h}{2}$$

El perímetro de un rectángulo se obtiene sumando las longitudes de sus cuatro lados. Sabemos que los lados opuestos de un rectángulo son iguales, por lo que el perímetro será el doble del ancho del rectángulo más el doble de la longitud del rectángulo.

Para encontrar el área de un rectángulo, multiplicamos el largo por el ancho.

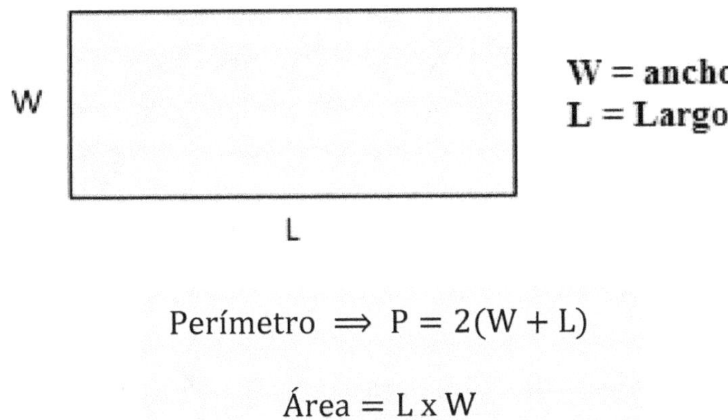

$$\text{Perímetro} \implies P = 2(W + L)$$

$$\text{Área} = L \times W$$

Ejemplo 1: Halla el perímetro y el área de un rectángulo cuya longitud y ancho son 23 centímetros y 14 centímetros, respectivamente.

Paso 1: Aplicamos la fórmula del perímetro de un rectángulo.

$$P = 2(W + L)$$

$$P = 2(14 \text{ cm.} + 23 \text{ cm.}) = 2(37 \text{ cm.}) = \textbf{74 cm.}$$

Paso 2: Aplicamos la fórmula del área de un rectángulo.

$$\text{Área} = \text{Longitud} \times \text{Ancho}$$

$$\text{Área} = 23 \text{ cm.} \times 14 \text{ cm.} = \textbf{322 cm}^2$$

Ejemplo 2: El área de un triángulo cuya base mide 8.2 metros es 63.14 metros cuadrados. Hallar la altura del triángulo.

Paso 1: Sustituimos los valores de la base y el área del triángulo en la fórmula.

$$\text{Área} = \frac{b \cdot h}{2}$$

$$63.14 \ m^2 = \frac{(8.2 \ m) \cdot h}{2}$$

Paso 2: Tenemos una ecuación. Resolvemos la ecuación. (Despejamos h.)

$$\frac{(8.2 \ m) \cdot h}{2} = 63.14 \ m^2$$

$$(8.2 \ m) \cdot h = 2 \cdot (63.14 \ m^2)$$

$$(8.2 \ m) \cdot h = 126.28 \ m^2$$

$$h = \frac{126.28 \ m^2}{8.2 \ m} = 15.4 \ m.$$

Respuesta: La altura del triángulo mide **15.4 metros**.

EJERCICIOS

Nota: El estudiante debe practicar problemas utilizando fórmulas para calcular el perímetro y el área de rectángulos y triángulos sin usar la calculadora.

1. Halla el perímetro y el área del siguiente rectángulo.

2. Calcula el área de un triángulo con una base de 18 centímetros y una altura de 30 centímetros.

3. Encuentra la longitud del lado faltante de un triángulo cuyo perímetro es de 63 cm. y los dos lados miden 19 cm. cada uno.

4. El área de un triángulo cuya altura mide 13 pulgadas es 156 pulgadas cuadradas. ¿Cuál es la base del triángulo?

A. 16 pulgadas

B. 20 pulgadas

C. 24 pulgadas

D. 10 pulgadas

5. El perímetro de una piscina rectangular es de 90 pies. La longitud de la piscina es de 16 pies. Halla el ancho de la piscina.

6. El área de un rectángulo es de 225 pies cuadrados. Si el ancho del rectángulo es de 9 pies, entonces calcula su longitud.

7. El ancho de un rectángulo es de 14.5 pies. La longitud del rectángulo es 19.5 pies más que el ancho. Halla el área del rectángulo.

8. ¿Cuál es el perímetro de un triángulo equilátero con una longitud de 26.45 pies?

A. 349.80 pies cuadrados

B. 105.80 pies.

C. 81.44 pies cuadrados

D. 79.35 pies.

9. Francisco tiene un jardín rectangular de 40 pies de largo y 53 pies de ancho. ¿Qué longitud de cerca necesita para cercar todo su jardín?

10. Hallar el área del triángulo ABC. (Redondea tu respuesta a la décima más cercana).

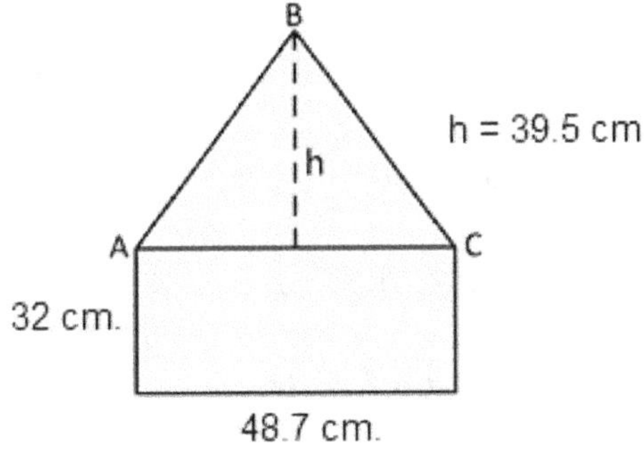

11. El perímetro de un triángulo es 170.2 metros y las longitudes de sus lados son 49.6 metros, 51.9 metros y x metros. Calcular x.

12. Un triángulo tiene una altura de 90.6 centímetros y una base que mide un cuarto de la altura. ¿Cuál es el área del triángulo? (Redondea tu respuesta a la centésima más cercana).

13. Calcula el área del rectángulo si su perímetro es 223.6 centímetros y su ancho es 39.1 centímetros.

14. Selecciona todos los rectángulos que tengan un perímetro de 384 pies.

    A. 79 pies por 116 pies.   D. 90 pies por 80 pies.

    B. 85 pies por 107 pies.   E. 100 pies por 84 pies.

    C. 132 pies por 60 pies.

15. El siguiente rectángulo tiene un perímetro de 71.6 cm. ¿Cuál es el lado que falta en este rectángulo?

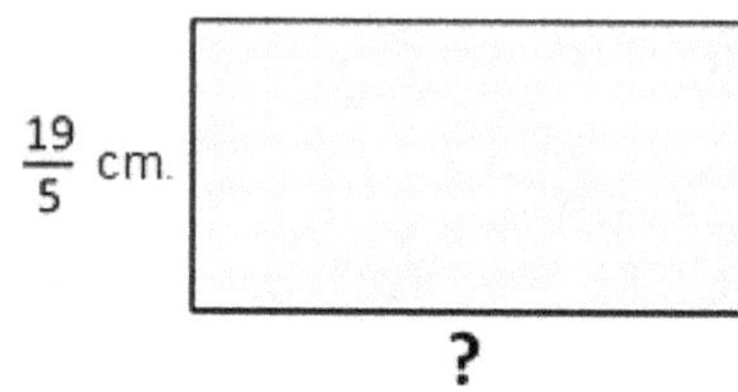

16. ¿Cuál es el perímetro de un triángulo cuyos lados miden 22 pulgadas, 53 pulgadas y 10 pies?

    A. 85 pulgadas   C. 87 pulgadas

    B. 195 pulgadas   D. 85 pies.

RESPUESTAS

1. P = 78 pies, A = 270 m^2

2. 270 cm^2

3. 25 cm.

4. C

5. 29 pies.

6. 25 pies

7. 493 pies cuadrados

8. D

9. 186 pies

10. 961.8 cm^2

11. 68.7 metros

12. 1026.05 cm^2

13. 2842.57 cm^2

14. B y C

15. 32 cm.

16. B

Sección 2: Cálculo del área y la circunferencia de círculos

En un círculo, todos los puntos están a la misma distancia del centro. La distancia entre el centro y el borde del círculo se llama radio.

El segmento de línea que pasa por el centro y tiene ambos extremos en el círculo se llama diámetro. La distancia alrededor del círculo se llama circunferencia.

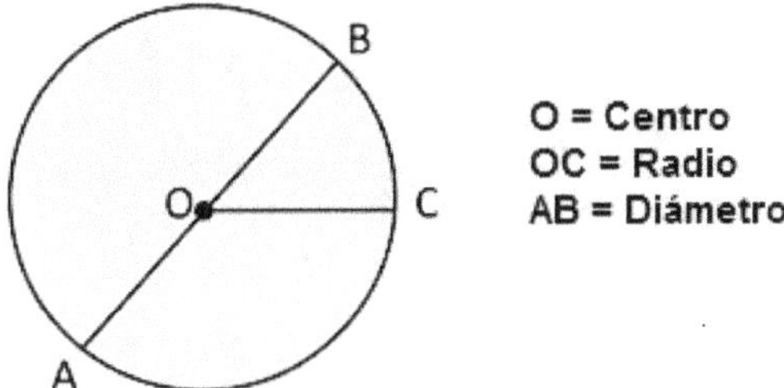

La circunferencia de un círculo se encuentra utilizando la siguiente fórmula:

$$C = 2\pi \cdot r$$

C es la circunferencia del círculo, r es el radio del círculo y $\pi \approx 3.14$.

Si conocemos el diámetro de un círculo, podemos encontrar la circunferencia utilizando la siguiente fórmula:

$$C = \pi \cdot d$$

Donde d es el diámetro del círculo y $\pi = 3.14$, observa que el diámetro es el doble del radio del círculo.

El área de un círculo se puede hallar multiplicando π por el radio al cuadrado. En otras palabras, el área de un círculo se calcula con la siguiente fórmula:

$$A = \pi \cdot r^2$$

(r es el radio del círculo.)

Ejemplo 1: El radio de un círculo mide 18 centímetros. Hallar la circunferencia y el área del círculo.

Paso 1: Aplicamos la fórmula de la circunferencia de un círculo.

$$C = 2\pi \cdot r$$

$$C = 2 \cdot 3.14 \cdot 18 \text{ cm} = \mathbf{113.04 \text{ cm}}.$$

Paso 2: Aplicamos la fórmula del área de un círculo.

$$A = \pi \cdot r^2$$

$$A = 3.14 \cdot (18 \text{ cm})^2 = \mathbf{1017.36 \text{ cm}^2}$$

Ejemplo 2: El área de un círculo es 153.86 cm². ¿Cuál es el radio del círculo?

Paso 1: Sustituimos el valor del área del círculo en la fórmula.

$$A = \pi \cdot r^2$$

$$153.86 \; cm^2 = 3.14 \cdot r^2$$

Paso 2: Tenemos una ecuación. Resolvemos la ecuación.

$$3.14 \cdot r^2 = 153.86 \; cm^2$$

$$r^2 = \frac{153.86 \; cm^2}{3.14}$$

$$r^2 = 49 \; cm^2$$

Paso 3: Sacamos la raíz cuadrada en ambos lados de la ecuación para eliminar el exponente del lado izquierdo.

$$\sqrt{r^2} = \sqrt{49 \; cm^2}$$

$$r = 7 \; cm.$$

Respuesta: El radio del círculo es de **7 cm**.

EJERCICIOS

Nota: El estudiante debe practicar problemas utilizando fórmulas para calcular la circunferencia y el área de círculos sin usar la calculadora.

(Utiliza $\pi = 3.14$ para calcular tus respuestas)

1. El radio de un círculo es 11 centímetros. Halla la circunferencia y el área del círculo.

2. El diámetro de un círculo es 8 centímetros. Halla el área del círculo.

3. La circunferencia de un círculo mide 20π pulgadas. ¿Cuál es el diámetro de la circunferencia?

   A. 10 pulgadas

   B. 20 pulgadas

   C. 3.14 pulgadas

   D. 5 pulgadas

4. La circunferencia de un círculo mide 74π pies. ¿Cuál es el radio de la circunferencia?

   A. 74 pies.

   B. 148 pies.

   C. 32 pies.

   D. 37 pies.

5. El área de un círculo es 64π cm². ¿Cuál es el radio del círculo?

   A. 64 cm.

   B. 32 cm.

   C. 8 cm.

   D. 16 cm.

6. El radio de un círculo es 1 metro. Hallar el área del círculo.

7. La circunferencia de un círculo es 42.704 pies. ¿Cuál es el radio del círculo?

8. El área de un círculo es 9498.5 cm². ¿Cuál es el radio del círculo?

9. El círculo que se muestra a continuación está inscrito en un cuadrado cuyo lado mide 9.4 cm. ¿Cuál es la circunferencia del círculo? (Redondea tu respuesta a la décima más cercana).

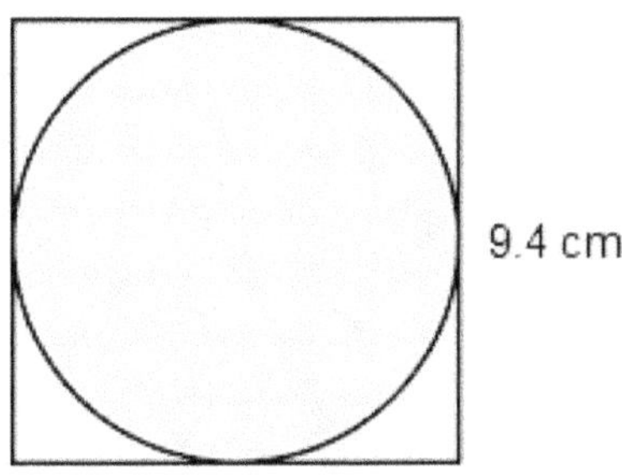

10. Una mesa circular tiene un diámetro de 6.5 metros. ¿Cuál es el área de la mesa? (Redondea tu respuesta a la décima más cercana).

11. El área de un círculo es 1017.36 cm². ¿Cuál es la circunferencia del círculo?

12. El radio de un círculo es de 5/4 centímetros. Hallar la circunferencia del círculo.

13. El minutero de un reloj mide 7.5 centímetros. Hallar la distancia recorrida por la punta del minutero en una hora.

14. Si un círculo tiene una circunferencia de 40π, ¿cuál sería su área si su radio se redujera a la mitad?

   A. 20π C. 100π

   B. 400π D. 80π

15. El diámetro de un círculo es de 0.8 metros. Hallar el área del círculo. (Redondea tu respuesta a la décima más cercana).

16. El diámetro de un círculo mide 100 centímetros. Calcula el área del círculo. (Redondea tu respuesta a la décima más cercana).

RESPUESTAS

1) C = 69.08 cm. A = 121 cm^2

2) 50,24 cm^2

3) B

4) D

5) C

6) 3.14 m^2

7) 6.8 pies

8) 55 cm.

9) 29.5 cm.

10) 33.2 m^2

11) 113.04 cm.

12) 7.85 cm

13) 47.1 cm.

14) C

15) 0.5 m^2

16) 7850 c m^2

Sección 3: Cálculo del perímetro y el área de un polígono

Un polígono es una figura cerrada bidimensional con lados rectos. No tiene lados curvos. La distancia alrededor de un polígono se llama perímetro. Para hallar el perímetro de cualquier polígono, sumamos las longitudes de sus lados.

Ejemplo 1: Hallar el perímetro del siguiente polígono:

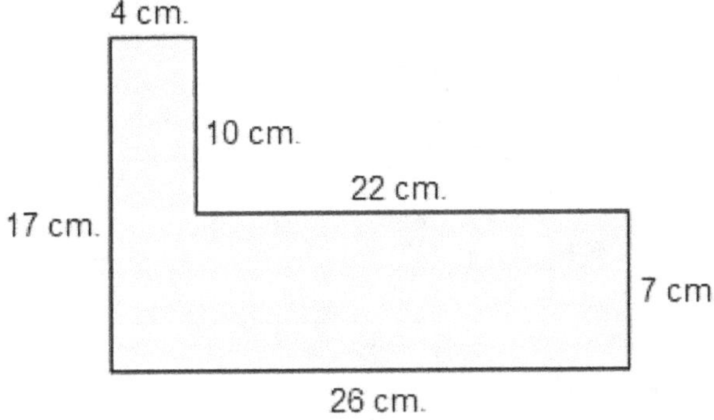

Sumar las longitudes de los lados del polígono.

$$P = 17 + 4 + 10 + 22 + 7 + 26 = 86 \; cm.$$

Respuesta: El perímetro del polígono es **86 centímetros**.

Ejemplo 2: El perímetro de un cuadrado es 36 centímetros. ¿Cuál es el área del cuadrado?

Paso 1: Hallamos la longitud de cada lado del cuadrado.

$$s = \frac{36 \; cm}{4} = 9 \; cm.$$

Paso 2: Aplicamos la fórmula del área del cuadrado.

$$A = s^2$$

$$A = (9 \; cm)^2 = 81 \; cm^2$$

Respuesta: El área del cuadrado es **81 centímetros cuadrados**.

ÁREA DE POLÍGONOS

NOMBRE	FIGURA	FORMULA
CUADRADO		$A = S^2$
RECTANGULO		$A = W \times L$
PARALELOGRAMO		$A = b \times h$
TRAPECIO		$A = \dfrac{h \times (b_1 + b_2)}{2}$
TRIANGULO		$A = \dfrac{h \times b}{2}$

EJERCICIOS

Nota: El estudiante debe practicar problemas utilizando fórmulas para calcular el perímetro y el área de polígonos sin usar la calculadora.

1. Halla el perímetro del siguiente polígono.

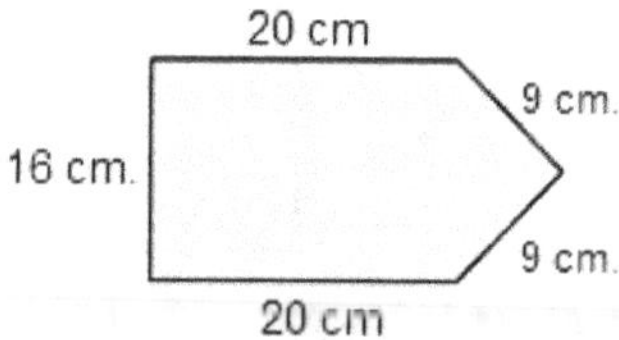

2. Calcula el área de un paralelogramo con una altura de 15 centímetros y una base de 8 centímetros.

3. El perímetro de un rectángulo es de 140 cm. ¿Cuánto mide el rectángulo si tiene 30 cm. de ancho?

4. Hallar el área del siguiente polígono.

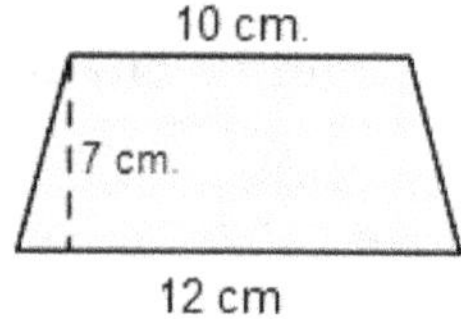

5. Calcula el perímetro de un cuadrado cuyo lado mide 12 centímetros.

6. El área de un cuadrado es de 100 pies cuadrados. ¿Cuál es el perímetro del cuadrado?

   A. 25 pies.   C. 20 pies.

   B. 50 pies.   D. 40 pies.

7. Un triángulo tiene una altura de 12.5 cm. y una base de 27.3 cm. Hallar el área del triángulo. Redondea tu respuesta a la décima más cercana.

8. Hallar el perímetro del siguiente polígono.

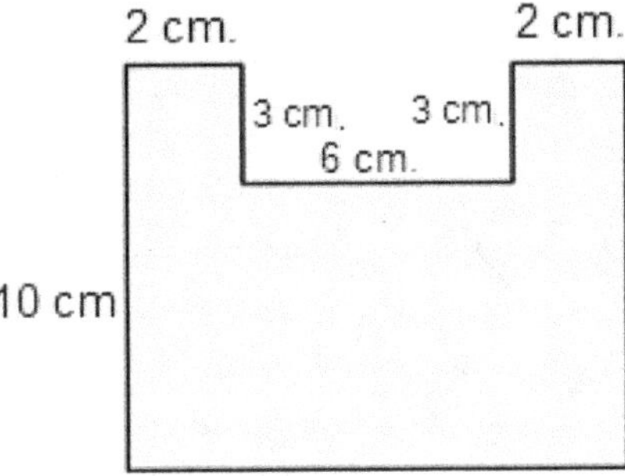

9. Un pentágono tiene todos los lados iguales. Si el perímetro del pentágono es de 107.5 metros, ¿cuál es la longitud de un lado del pentágono?

10. Un triángulo tiene todos los lados iguales. Si el perímetro del triángulo mide 353.4 cm., ¿cuál es la longitud de un lado del triángulo?

11. El siguiente polígono tiene todos los lados iguales. ¿Cuál es el perímetro del polígono?

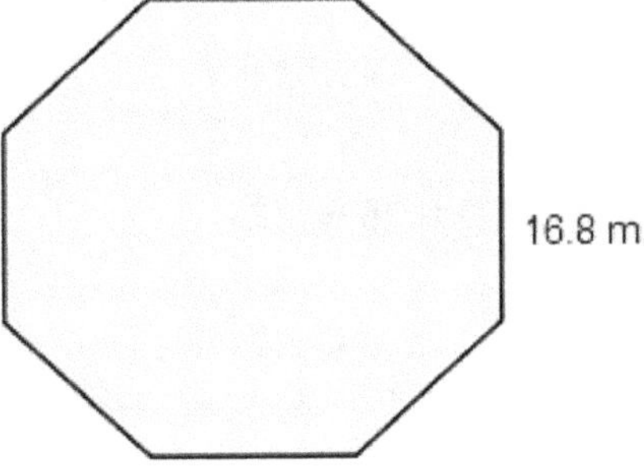

12. Si el perímetro de un cuadrado es 1 metro, ¿cuál es la longitud de un lado del cuadrado?

13. El ancho de un rectángulo es de 23.6 metros. La longitud del rectángulo es 4.5 veces mayor que su ancho. Halla el área del rectángulo.

14. El perímetro del siguiente polígono es de 85.2 cm. ¿Cuál es la longitud del lado que falta?

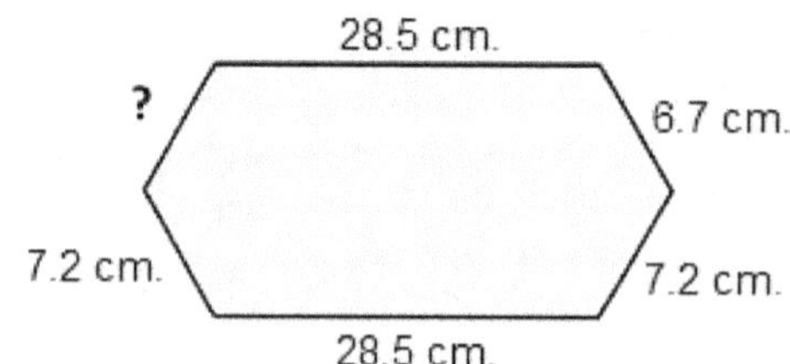

15. ¿Cuál es la longitud de un rectángulo si el área es 184.44 pies cuadrados y el ancho es 11.6 pies?

16. Calcular el área del siguiente polígono. (Pista: El polígono es una combinación de dos formas más simples. Calcula el área de cada una).

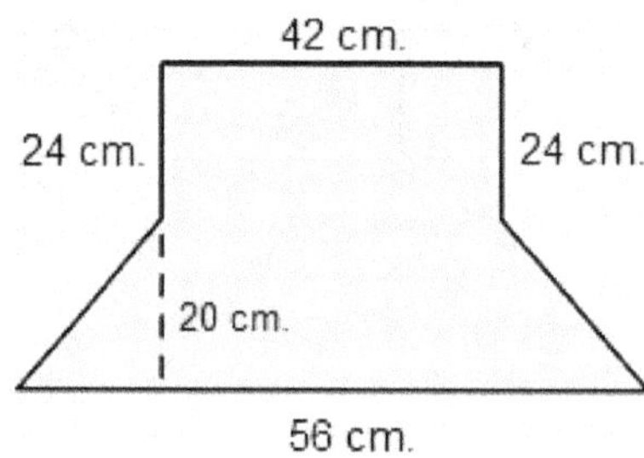

RESPUESTAS

1) 74 cm.	7) 170.6 c m^2	13) 2506.32 m^2
2) 120 cm^2	8) 46 cm.	14) 7.1 cm
3) 40 cm.	9) 21.5 metros	15) 15.9 pies
4) 77 cm^2	10) 117.8 cm.	16) 1988 c m^2
5) 48 cm.	11) 134.4 m.	
6) D	12) 0.25 metros	

Sección 4: Cálculo del perímetro y el área de figuras geométricas compuestas en 2D

Podemos calcular el área de figuras geométricas compuestas dividiendo las figuras en partes más pequeñas hasta obtener únicamente formas con las que podamos trabajar fácilmente.

Ejemplo 1: Encuentra el área de la siguiente figura:

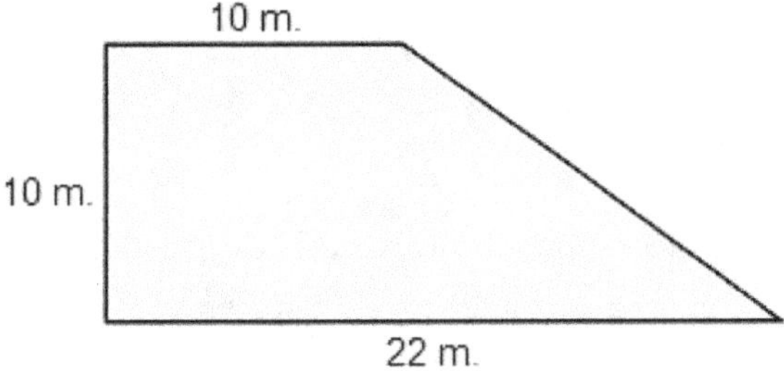

Paso 1: Observamos que la figura es una combinación de un cuadrado y un triángulo. Necesitamos encontrar el área de cada uno y sumarlos.

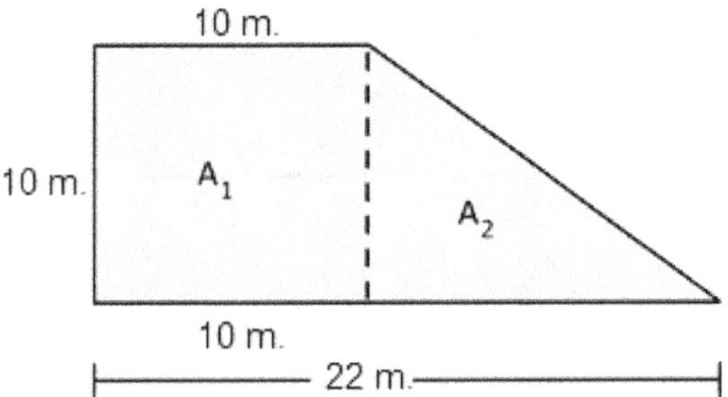

Paso 2: Hallamos el área del cuadrado.

$$A_1 = (10\ m.)^2 = 100\ m^2$$

Paso 3: Hallamos el área del triángulo. Notemos que la base del triángulo mide 12 metros (22m – 10m) y la altura mide 10 metros (triángulo rectángulo).

$$A_2 = \frac{(12\ m.) \cdot (10\ m.)}{2} = \frac{120\ m^2}{2} = 60\ m^2$$

Paso 4: Sumamos ambas áreas.

$$A_{Total} = A_1 + A_2$$

$$A_{Total} = 100\ m^2 + 60\ m^2 = 160\ m^2$$

Respuesta: El área de la figura es **160 m^2**

Nota: También podemos hallar el área de la figura aplicando la fórmula del área del trapecio.

Ejemplo 2: Hallar el área y el perímetro de la cancha de baloncesto.

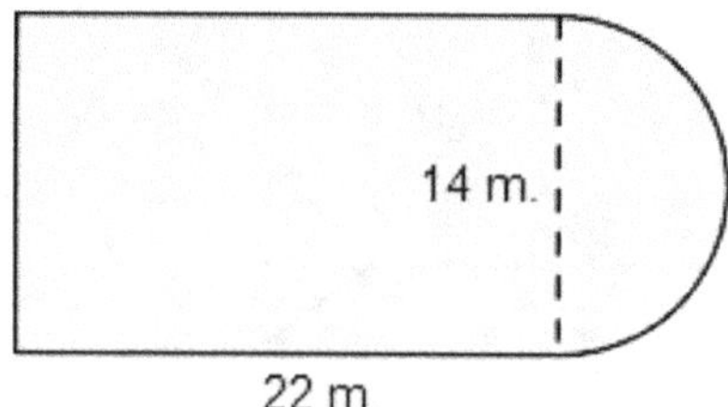

Paso 1: Observamos que la figura es una combinación de un rectángulo y un semicírculo (medio círculo). Necesitamos encontrar el área de cada figura y sumarlas.

Paso 2: Hallamos el área del rectángulo.

$$A_1 = (22\ m) \cdot (14\ m) = 308\ m^2$$

Paso 3: Hallamos el área del semicírculo. Notamos que el radio del semicírculo es $14/2 = 7$ metros.

$$A_2 = \frac{\pi \cdot r^2}{2} = \frac{3.14 \cdot (7\ m)^2}{2} = \frac{3.14 \cdot (49\ m^2)}{2} = 76.93\ m^2$$

Paso 4: Sumamos ambas áreas.

$$A_{Total} = A_1 + A_2$$

$$A_{Total} = 308\ m^2 + 76.93\ m^2 = 384.93\ m^2$$

Respuesta: El área de la cancha de baloncesto es **384.93**m^2

Paso 6: Ahora hallamos el perímetro de la cancha. El perímetro de la figura es igual a dos veces la longitud del rectángulo más el ancho del rectángulo y la longitud del semicírculo.

Paso 7: Hallamos la longitud del semicírculo con un diámetro de 14 metros.

$$C = \frac{\pi \cdot d}{2} = \frac{3.14 \cdot 14\ m.}{2} = 21.98\ m$$

Respuesta: El perímetro de la cancha de baloncesto es el siguiente:

$$P = 2(22m.) + 14\ m. + 21.98\ m = \mathbf{79.98\ m.}$$

EJERCICIOS

Nota: El estudiante debe practicar problemas utilizando varias fórmulas para calcular el perímetro y el área de figuras geométricas compuestas sin utilizar la calculadora.

1. Hallar el perímetro de la siguiente figura. (Usar $\pi = 3.14$)

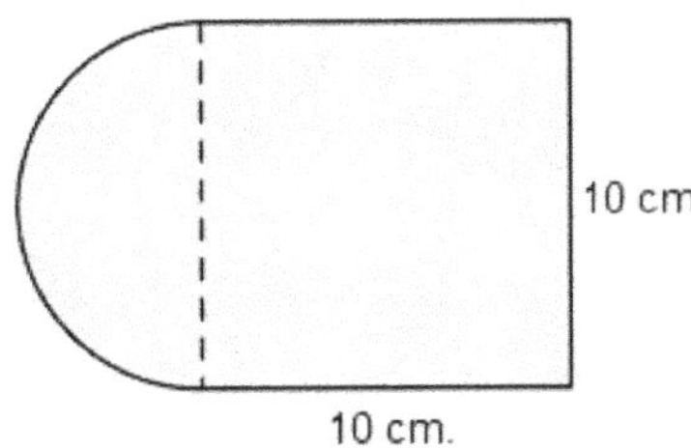

2. Hallar el área de la siguiente figura.

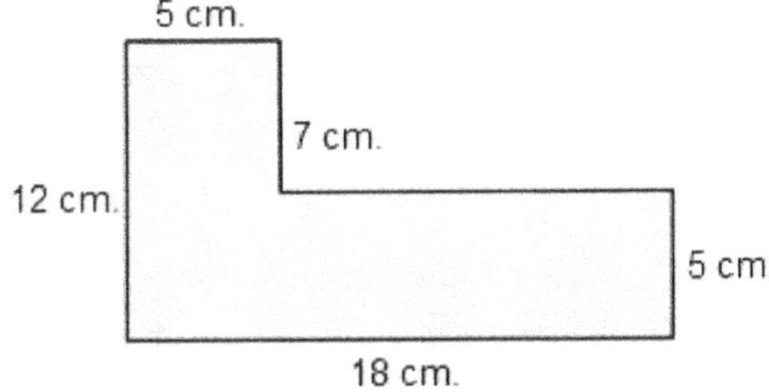

La siguiente figura es un semicírculo con un radio de 8. *(Preguntas 3 y 4)*

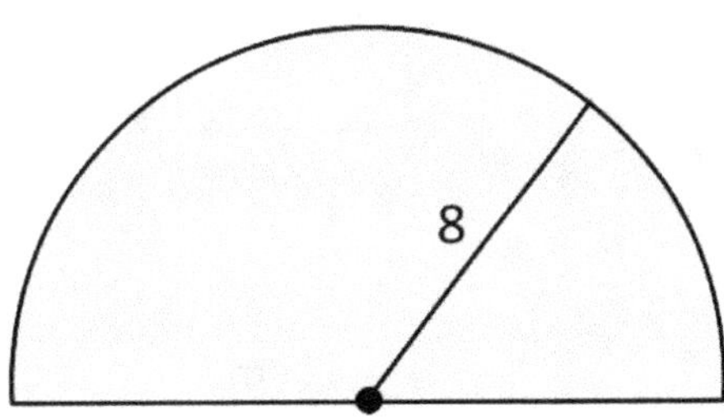

3. ¿Cuál es el perímetro del semicírculo?

    A. $16\pi + 16$ C. $8\pi + 16$

    B. $16\pi + 8$ D. $8\pi + 8$

4. ¿Cuál es el área del semicírculo?

    A. 64π C. 16π

    B. 32π D. 8π

La siguiente forma es una figura geométrica compuesta. (Preguntas 5 y 6)

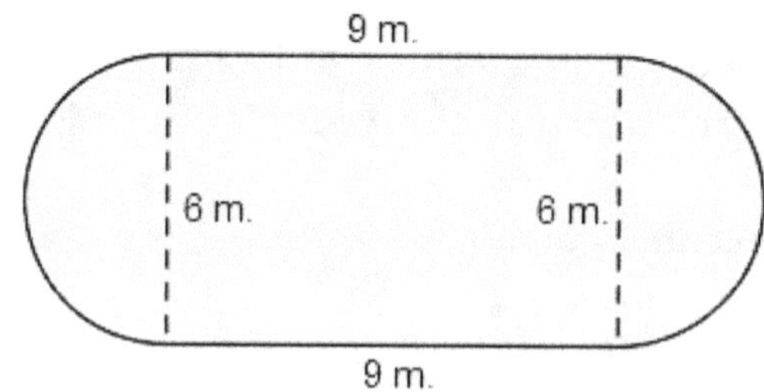

5. ¿Cuál es el perímetro de la figura?

    A. $(12\pi + 18)$ m.   C. $(6\pi + 18)$ m.

    B. $(6\pi + 54)$ m.   D. $(6\pi + 30)$ m.

6. ¿Cuál es el área de la figura?

    A. $(9\pi + 54)$ m^2 C. $(72\pi + 54)$ m^2

    B. $(12\pi + 54)$ m^2 D. $(36\pi + 18)$ m^2

7. Encuentra el perímetro de la siguiente figura.

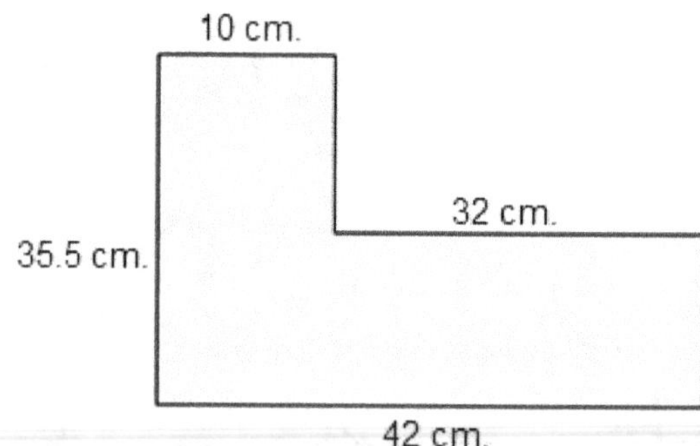

La siguiente forma es una figura geométrica compuesta. (Preguntas 8 a 10)

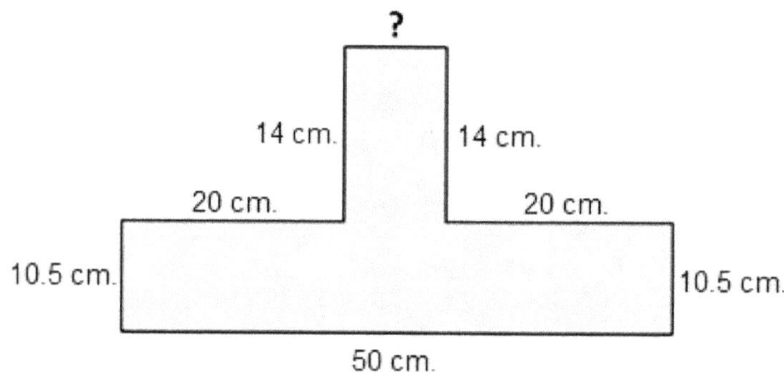

8. Hallar la longitud del lado que falta.

9. Hallar el perímetro de la figura.

10. Hallar el área de la figura.

(Preguntas 11 y 12)

La siguiente forma es una figura geométrica compuesta.

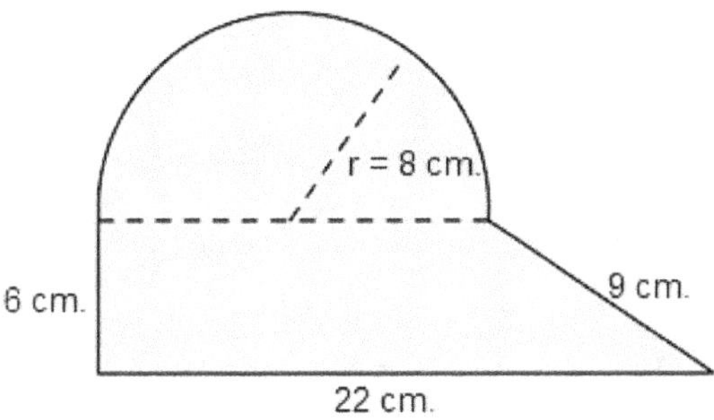

(Usar $\pi = 3.14$)

11. Hallar el perímetro de la figura.

12. Hallar el área de la figura.

(Preguntas 13 y 14)

El siguiente hexágono es una combinación de seis triángulos iguales. Cada triángulo tiene todos los lados iguales.

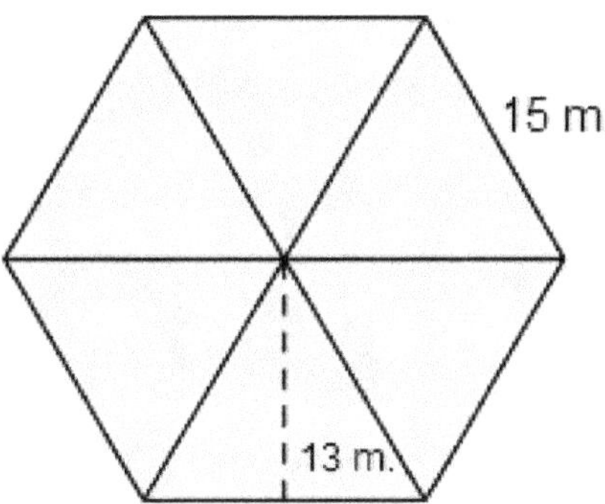

13. Hallar el perímetro del hexágono.

14. Hallar el área del hexágono.

La siguiente forma es una figura geométrica compuesta.

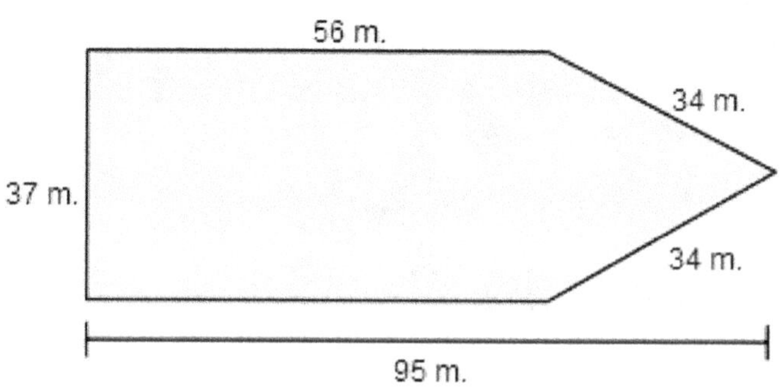

15. Hallar el perímetro de la figura.

16. Hallar el área de la figura.

RESPUESTAS

1) 45.7 cm.	7) 155 cm.	13) 90 m.
2) 125 cm²	8) 10 cm.	14) 585 m²
3) C	9) 149 cm..	15) 217 m.
4) B	10) 665 cm²	16) 16) 2793.5 m².
5) C	11) 62.12 cm.	
6) A	12) 214.48 c m²	

Sección 5: Uso del teorema de Pitágoras para determinar longitudes de lados desconocidos en un triángulo rectángulo

El teorema de Pitágoras es una relación entre los lados de un triángulo rectángulo. Un triángulo rectángulo es un triángulo en el que uno de los tres ángulos mide 90°. En un triángulo rectángulo, los lados se llaman catetos e hipotenusa.

Los dos catetos se unen en un ángulo de 90° y la hipotenusa es el lado opuesto al ángulo recto.

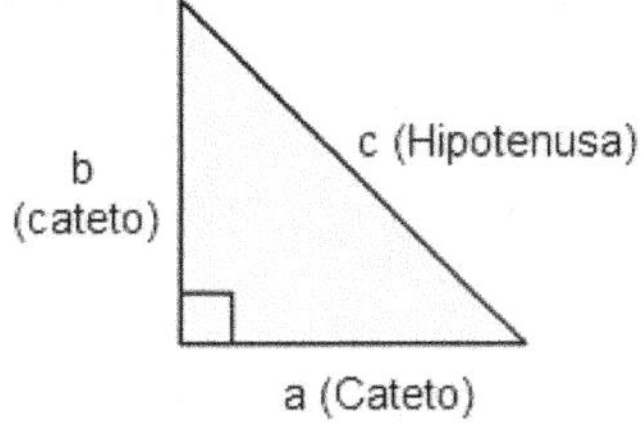

El teorema de Pitágoras establece lo siguiente:

En un triángulo rectángulo, el cuadrado de la hipotenusa es igual a la suma de los cuadrados de los dos catetos.

Este teorema se puede escribir en forma de una ecuación:

$$a^2 + b^2 = c^2$$

Ejemplo 1: El siguiente triángulo es un triángulo rectángulo. Halla la longitud del lado que falta.

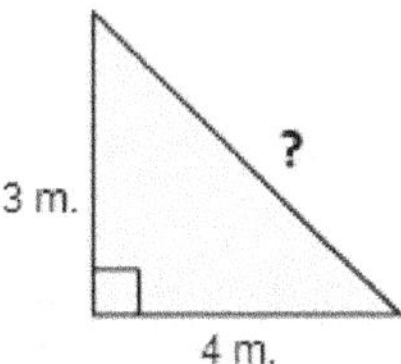

Paso 1: Notamos que el lado que falta es la hipotenusa del triángulo rectángulo. Aplicamos el teorema de Pitágoras.

$$c^2 = a^2 + b^2$$

$$c^2 = (3 \text{ m})^2 + (4 \text{ m})^2$$

$$c^2 = 9 \text{ m}^2 + 16 \text{ m}^2$$

$$c^2 = 25 \text{ m}^2$$

Paso 2: Tenemos una ecuación. Sacamos la raíz cuadrada en ambos lados de la ecuación para eliminar el exponente del lado izquierdo.

$$\sqrt{c^2} = \sqrt{25\ m^2}$$

$$c = 5\ m.$$

Respuesta: La hipotenusa mide **5 metros.**

Ejemplo 2: El siguiente triángulo es un triángulo rectángulo. Hallar la longitud del lado que falta.

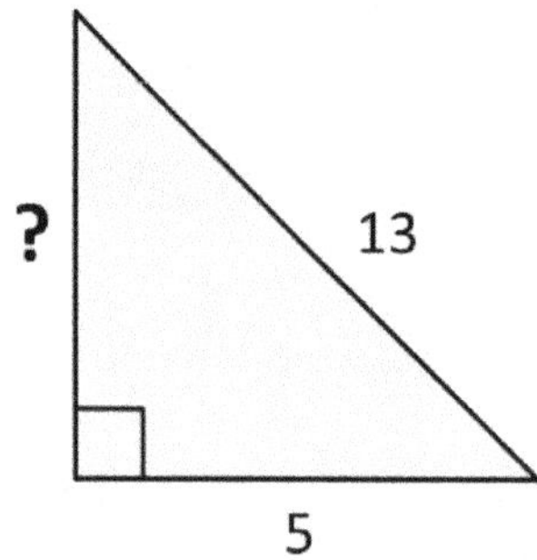

Paso 1: Observar que el lado que falta es el cateto del triángulo rectángulo. Aplicamos el teorema de Pitágoras.

$$a^2 + 5^2 = 13^2$$

$$a^2 + 25 = 169$$

$$a^2 = 169 - 25$$

$$a^2 = 144$$

Paso 2: Tenemos una ecuación. Sacamos la raíz cuadrada en ambos lados de la ecuación para eliminar el exponente del lado izquierdo.

$$\sqrt{a^2} = \sqrt{144}$$

$$a = 12$$

Respuesta: El lado que falta mide **12.**

EJERCICIOS

Nota: El estudiante debe practicar el uso del teorema de Pitágoras para determinar las longitudes de los lados desconocidos en un triángulo rectángulo sin usar la calculadora.

1. Halla la longitud del lado que falta.

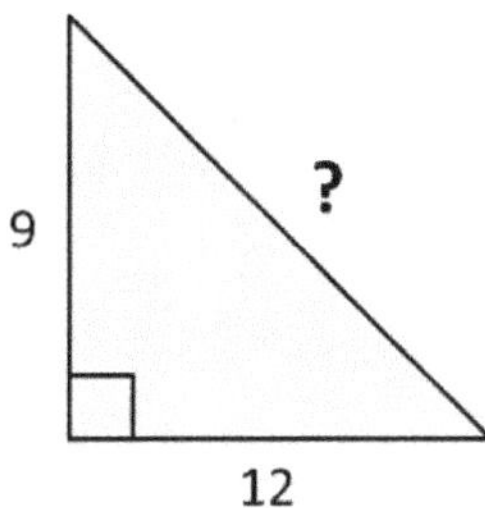

2. Halla la longitud del lado que falta.

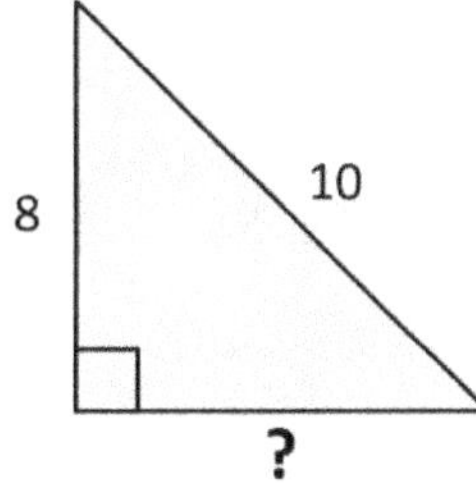

3. El siguiente cuadrado tiene una longitud de lado de 1 centímetro. ¿Cuál es la longitud de la diagonal AB?

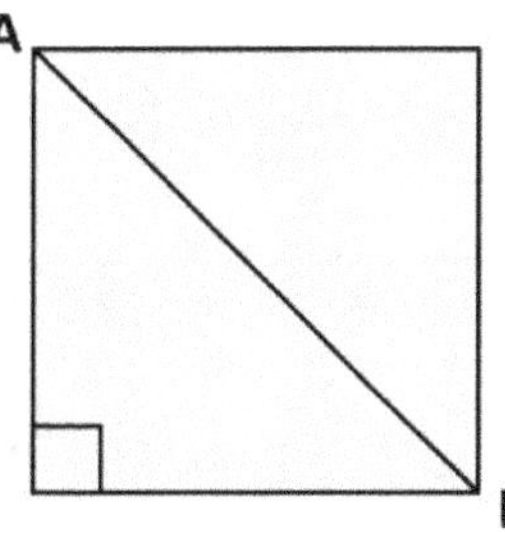

A. 2 cm.

C. $\sqrt{2}$ cm.

B. $\sqrt{3}$ cm.

D. 4 cm.

4. En un triángulo rectángulo, la longitud de la base es de 3 pies y la hipotenusa es de 5 pies. ¿Cuál es la longitud del lado que falta?

A. 6 pies

C. 4 pies

B. 2 pies

D. 3.5 pies

5. Los dos catetos de un triángulo rectángulo miden 2 y 3 cm. ¿Cuál es la longitud de la hipotenusa?

    A. A. 6 cm

    B. B.√5 cm

    C. C. 7 cm

    D. D.√13 cm

6. ¿Qué expresión podemos usar para encontrar el valor de x?

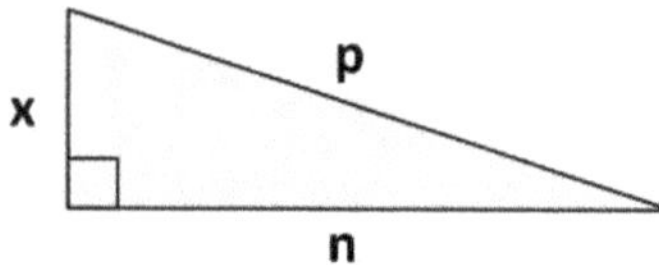

    A. $\sqrt{(p^2+n^2)}$

    B. $\sqrt{(p^2-n^2)}$

    C. $\sqrt{(n^2-p^2)}$

    D. $\sqrt{(x^2+n^2)}$

7. Encuentra la altura del siguiente triángulo. (Redondea tu respuesta a la décima más cercana).

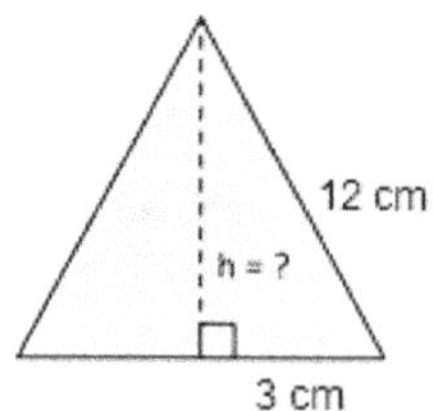

8. Un campo rectangular tiene 108 yardas de largo y la longitud de una diagonal del campo es 135 yardas. ¿Cuál es el ancho del campo?

9. Encuentra la diagonal AB del siguiente rectángulo. (Redondea tu respuesta a la décima más cercana).

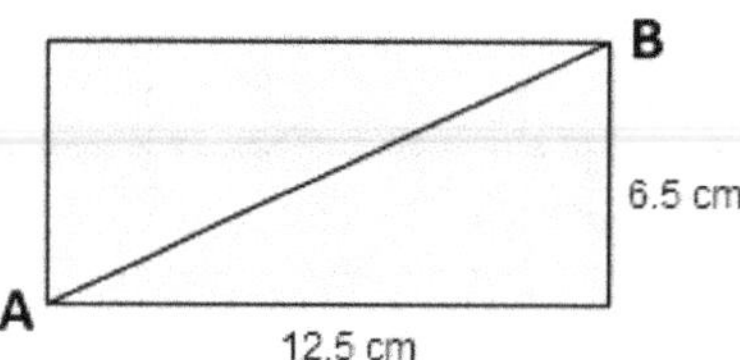

10. La base de una escalera se coloca a 5 pies de una pared. Si la parte superior de la escalera se apoya a 10 pies de la pared, ¿cuánto mide la escalera?

11. ¿Cuál es el valor de x?

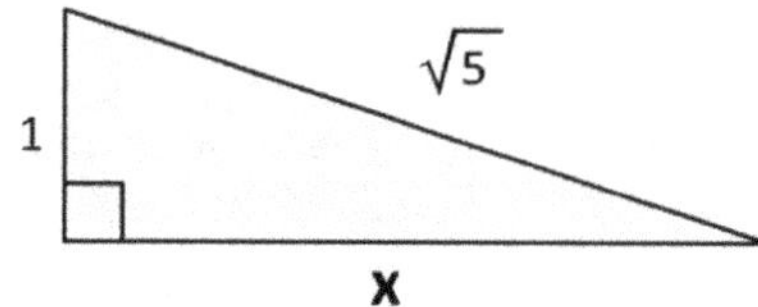

12. Halla la diagonal de un cuadrado cuyo lado mide 10 pies. (Redondea tu respuesta a dos decimales).

13. Los dos catetos de un triángulo rectángulo miden 50 pies y 120 pies. Hallar la longitud de la hipotenusa.

14. Hallar la longitud de la diagonal de una pantalla de computadora cuyas dimensiones son 8 pulgadas y 15 pulgadas.

15. Hallar la longitud del lado que falta.

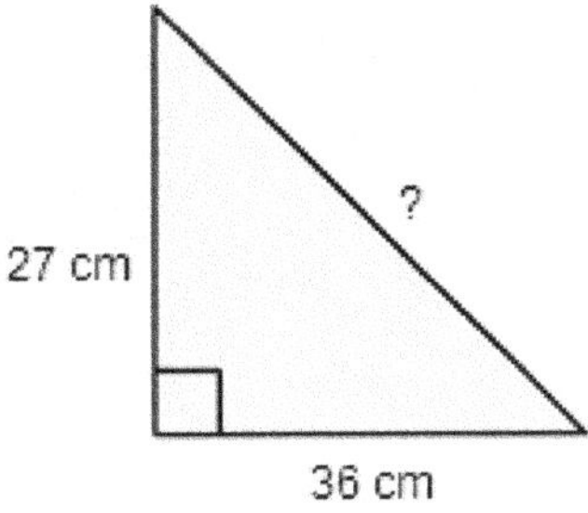

16. Encuentra el perímetro del siguiente triángulo.

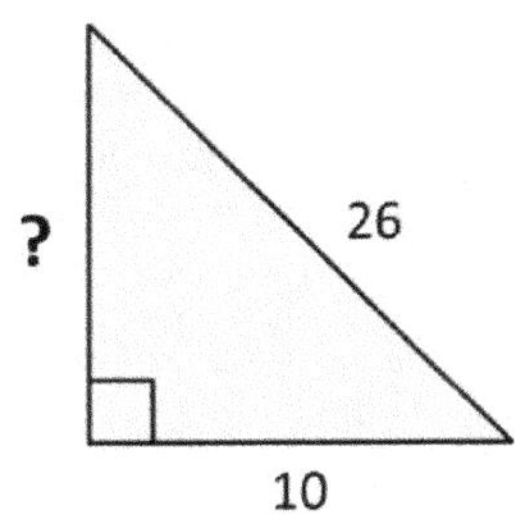

RESPUESTAS

1) 15	7) 11.6 cm.	13) 130 pies.
2) 6	8) 81 yardas	14) 17 pulgadas.
3) C	9) 14.1 cm	15) 45 cm
4) C	10) 11.2 pies	16) 108 pulgadas.
5) D	11) 2	
6) B	12) 14.14 pies	

REFLEXIÓN SOBRE EL APRENDIZAJE

Responde las siguientes preguntas de reflexión y siéntete libre de discutir tus respuestas con tu maestro o un compañero de clase.

1- ¿Qué idea, principio o estructura de matemáticas de GED aprendiste en este capítulo?

2- ¿Qué conceptos y terminología matemática aprendiste en este capítulo?

3- ¿Qué procedimientos o métodos trabajaste en esta sección?

4- ¿Qué aspecto de este apartado aún no te queda 100 % claro?

5- ¿Qué más quieres que sepa tu profesor?

CAPÍTULO 4:
DIMENSIONES, SUPERFICIES
Y VOLUMEN DE FIGURAS 3D

Cálculo de dimensiones, áreas de superficie y volumen de figuras tridimensionales.

CONCEPTOS Y TERMINOLOGÍA MATEMÁTICA

Área de superficie	Las áreas de todas las caras de un sólido
Volumen	La cantidad de espacio ocupado por una figura tridimensional.
Figura tridimensional	Una forma sólida que tiene tres dimensiones, que son: largo, ancho y alto

Sección 1: Cálculo del volumen y las áreas de superficie de prismas rectangulares cuando se dan fórmulas geométricas

Un prisma rectangular es una forma sólida tridimensional que tiene seis caras que son rectángulos.

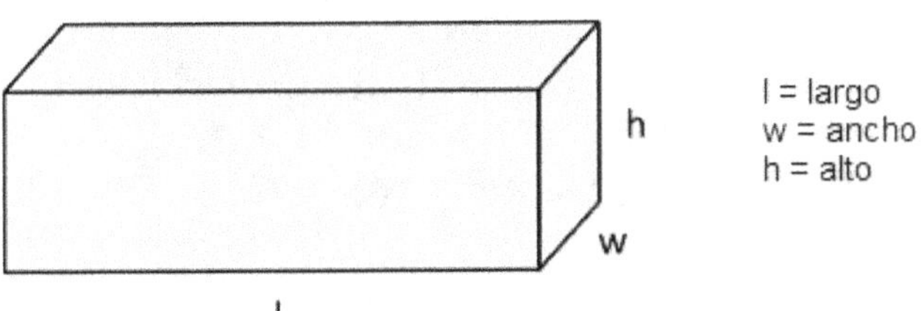

$$\text{Area} \implies S = 2lw + 2lh + 2wh$$

$$\text{Volumen} \implies V = l \cdot w \cdot h$$

Ejemplo 1: Halla el área y el volumen del siguiente prisma rectangular.

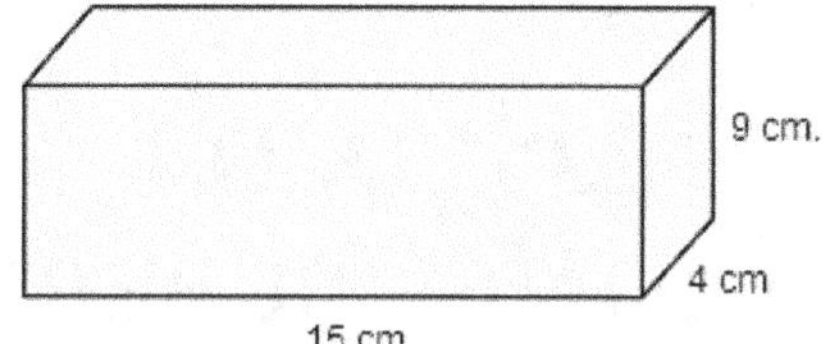

Paso 1: Sustituimos los valores de largo, ancho y alto en la fórmula del área de superficie y calculamos.

$$S = 2lw + 2lh + 2wh$$

$$S = 2(15)(4) + 2(15)(9) + 2(4)(9)$$

$$S = 120 + 270 + 72 = \mathbf{462\ cm^2}$$

Paso 2: Sustituimos los valores de largo, ancho y alto en la fórmula del volumen y calculamos.

$$V = l \cdot w \cdot h$$

$$V = (15\ cm.) \cdot (4\ cm.) \cdot (9\ cm.) = \mathbf{540\ cm}$$

Ejemplo 2: La longitud y el ancho de un prisma rectangular son 8 pies y 3 pies, respectivamente. Halla su altura si su área total es de 180 pies cuadrados.

Paso 1: Sustituimos los valores de largo, ancho y área de superficie en la fórmula del área de superficie.

$$S = 2lw + 2lh + 2wh$$

$$180 = 2(8)(3) + 2(8)(h) + 2(3)(h)$$

$$180 = 48 + 16h + 6h$$

Paso 2: Tenemos una ecuación. Resolvemos la ecuación.

$$48 + 16h + 6h = 180$$

$$48 + 22h = 180$$

$$22h = 180 - 48$$

$$22h = 132 \implies h = \frac{132}{22} = 6$$

Respuesta: La altura del prisma rectangular es de **6 pies.**

EJERCICIOS

Nota: El estudiante debe practicar la resolución de problemas mediante el uso de fórmulas para determinar las áreas de superficie y el volumen de prismas rectangulares sin usar la calculadora.

1. Hallar la superficie y el volumen del siguiente prisma rectangular.

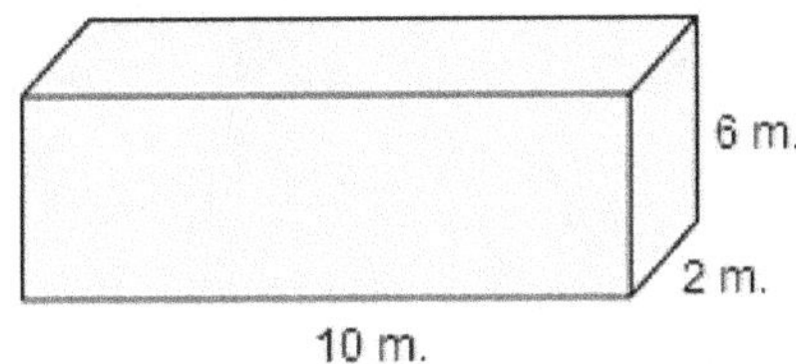

2. La longitud y el ancho de un prisma rectangular son 8 pies y 4 pies, respectivamente. Halla su altura si su volumen total es de 192 pies cúbicos.

3. Un prisma rectangular tiene un ancho de 2 pulgadas, una longitud de 9 pulgadas y una altura de 7 pulgadas. ¿Cuál es el volumen del prisma?

   A. 120 pulgadas cúbicas.　　　　　C. 178 pulgadas cúbicas

   B. 190 pulgadas cúbicas　　　　　D. 126 pulgadas cúbicas.

4. La longitud y la altura de un prisma rectangular son 10 pies y 9 pies respectivamente. Halla su ancho si su área total es de 294 pies cuadrados.

5. Un prisma rectangular tiene un ancho de 2 pulgadas, una longitud de 8 pulgadas y una altura que es tres veces más larga que el ancho. ¿Cuál es el área del prisma?

   A. 152 pies cuadrados　　　　　C. 92 pies cuadrados

   B. 148 pies cuadrados　　　　　D. 96 pies cuadrados

6. Se deben embalar cajas pequeñas con dimensiones de 1 cm. x 2 cm x 4 cm. en un contenedor rectangular más grande de dimensiones 5 cm. x 10 cm. x 20 cm. ¿Cuál es el número máximo de cajas pequeñas que se pueden embalar en el contenedor?

   A. 250　　　　　C. 125

   B. 200　　　　　D. 94

7. La altura y el ancho de un prisma rectangular son 10.5 pies y 8.6 pies respectivamente. Halla su longitud si su volumen total es de 1327.41 pies cúbicos.

8. Halla el área de superficie de un prisma rectangular con una longitud de 12.2 pulgadas, un ancho de 4.4 pulgadas y una altura de 6.6 pulgadas. (Redondear tu respuesta a dos decimales).

9. Hallar el volumen del siguiente prisma rectangular.

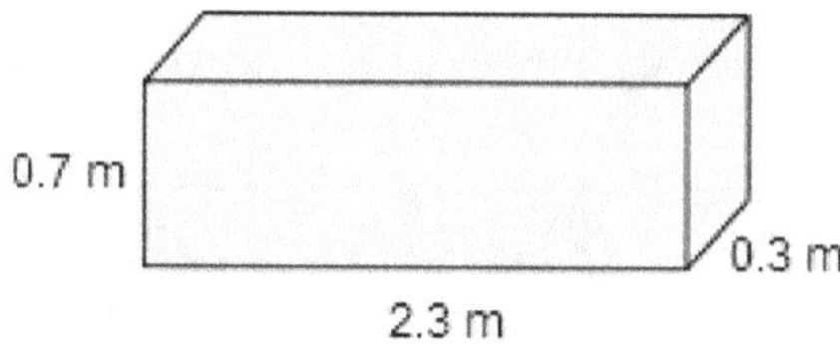

10. Un prisma rectangular tiene un ancho de 2.5 pies, una longitud de 20.4 pies y una altura cuatro veces mayor que el ancho. ¿Cuál es el volumen del prisma?

11. Hallar la superficie del siguiente prisma rectangular.

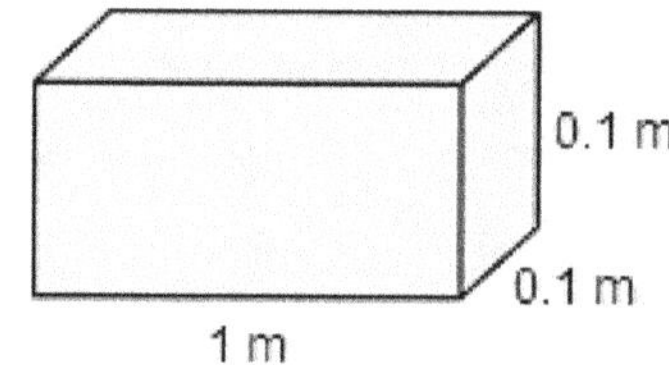

12. Una piscina rectangular enterrada mide 48 pies de largo, 19 pies de ancho y 3.5 pies de profundidad. ¿Cuántos pies cúbicos de agua contiene la piscina?

13. ¿Qué fórmula podemos usar para encontrar el área de superficie de un prisma rectangular con dimensiones de m x n x p?

A. 2m + 2n + 2p

B. mn + mp + np

C. 2(mn + mp + np)

D. 2(m+n+p)

14. Un prisma rectangular mide 100.5 pulgadas de largo, 30.6 pulgadas de ancho y 48.6 pulgadas de alto. Halla el volumen del prisma.

15. Enrique y Paula tienen cada uno un prisma rectangular. La base del prisma de Enrique mide 9 pulgadas x 11 pulgadas x 15 pulgadas. La base del prisma de Paula mide 8 pulgadas x 13 pulgadas x 12 pulgadas. ¿Qué prisma rectangular habría requerido más material para construirse?

16. La longitud y el ancho de un prisma rectangular son 10 pulgadas y 3 pulgadas, respectivamente. Hallar su superficie si su volumen total es de 270 pies cúbicos.

RESPUESTAS

1) $S = 184$ m^2, V $= 120$ m^3

2) 6 pies

3) D

4) 3 pies

5) A

6) C

7) 14.7 pies

8) 326.48 pulgadas cuadradas

9) 0.483 m^3

10) 510 pies cúbicos

11) 0.42 m^2

12) 3192 pies cúbicos

13) C

14) 149459.58 pulgadas cúbicas

15) De Enrique

16) 294 pulgadas cuadradas

Sección 2: Calcular el volumen y las áreas de superficie de cilindros cuando se dan fórmulas geométricas.

Un cilindro es una figura tridimensional con dos extremos planos idénticos (bases), que son circulares, y un lado curvo. La altura de un cilindro es la distancia entre las bases.

$$\text{Área} \implies S = 2\pi rh + 2\pi r^2$$

$$\text{Volumen} \implies V = \pi r^2 h$$

Ejemplo 1: Halla el área y el volumen del siguiente cilindro.

Paso 1: Sustituimos los valores de altura y radio en la fórmula del área de superficie y calculamos.

$$S = 2\pi rh + 2\pi r^2$$

$$S = 2(3.14)(2\ cm.)(8\ cm.) + 2(3.14)(2\ cm.)^2$$

$$S = \mathbf{125.66\ cm^2}$$

Paso 2: Sustituimos los valores de altura y radio en la fórmula del volumen y calculamos.

$$V = \pi r^2 h$$

$$V = (3.14)(2\ cm.)^2(8\ cm.)$$

$$V = \mathbf{100.48\ cm^3}$$

Ejemplo 2: Un cilindro tiene una altura de 6 cm. Hallar su radio si su volumen es de 169.65 centímetros cúbicos.

Paso 1: Sustituimos los valores de altura y volumen en la fórmula del volumen y calculamos.

$$V = \pi r^2 h$$

$$169.65 = (3.14)r^2(6)$$

$$169.65 = 18.84r^2$$

Paso 2: Tenemos una ecuación. Resolvemos la ecuación.

$$18.84r^2 = 169.65$$

$$r^2 = \frac{169.65}{18.84} \implies r^2 = 9$$

Paso 3: Sacamos la raíz cuadrada en ambos lados de la ecuación para eliminar el exponente del lado izquierdo de la ecuación.

$$\sqrt{r^2} = \sqrt{9}$$

$$r = 3$$

Respuesta: El radio del cilindro es **3 centímetros.**

EJERCICIOS

Nota: El estudiante debe practicar la resolución de problemas utilizando fórmulas para determinar las áreas de superficie y el volumen de los cilindros sin usar la calculadora.

(Utiliza $\pi = 3.14$ para todos los cálculos.)

1. Hallar el área y el volumen del siguiente cilindro. (Redondea tu respuesta al número entero más cercano).

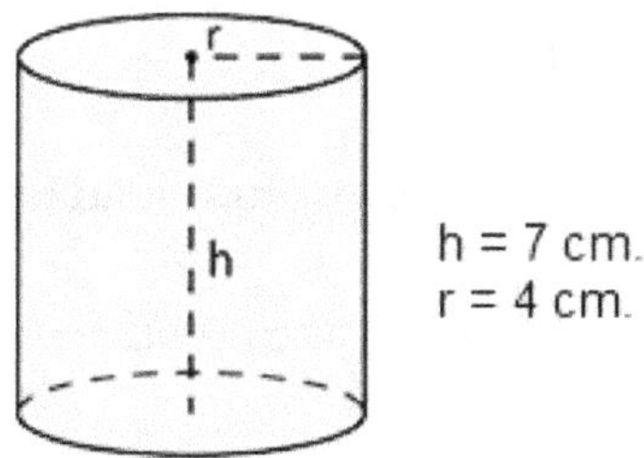

2. El diámetro de la base de un cilindro es de 10 pies y la altura es de 4 pies. ¿Cuál es el volumen del cilindro?

A. 400π pies cúbicos

C. 200π pies cúbicos

B. 100π pies cúbicos

D. 40π pies cúbicos

3. ¿Cuál es el área de superficie de un cilindro con un radio de 2 pulgadas y una altura de 4 pulgadas?

A. 22π pulgadas cuadradas

C. 16π pulgadas cuadradas

B. 32π pulgadas cuadradas

D. 24π pulgadas cuadradas

4. La superficie de un cilindro es 54π pulgadas cuadradas y el radio es 3 pulgadas. ¿Cuál es la altura del cilindro?

A. 6 pulgadas

C. 5 pulgadas

B. 9 pulgadas

D. 3 pulgadas

5. Un cilindro tiene una altura de 10 pulgadas. Hallar su radio si su volumen es de 250π pulgadas cúbicas.

A. 25 pulgadas

C. 5 pulgadas

B. 12.5 pulgadas

D. 2.5 pulgadas

6. El diámetro de la base de un cilindro es de 2 cm. y la altura es de 6 cm. ¿Cuál es el área de la superficie del cilindro?

A. $32\ \pi\ cm^2$

C. $16\ \pi\ cm^2$

B. $14\ \pi\ cm^2$

D. $20\ \pi\ cm$

7. Hallar el volumen de un cilindro con un radio de 3.5 metros y una altura de 7.5 metros. (Redondea tu respuesta a la décima más cercana).

8. Hallar la superficie de un cilindro con un radio de 10 cm. y una altura de 15 cm. (Redondea tu respuesta al número entero más cercano).

9. Un tambor tiene un diámetro de 24 cm. y una profundidad de 20 cm. Hallar el volumen del tambor.

10. El volumen de un cilindro es de 2009.6 centímetros cúbicos y la altura es de 10 centímetros. Hallar el radio del cilindro.

11. Un cilindro tiene un radio de 9 cm y una altura 3.5 veces mayor que el radio. Hallar el volumen del cilindro.

12. Una lata de sopa tiene un radio de 2 cm. y una alturade 2.1 cm. ¿Cuál la superficie de la lata? (Redondea tu respuesta a la décima más cercana).

13. Hallar el volumen de un cilindro con un radio de 0.5 pies y una altura de 0.8 pies. (Redondea tu respuesta a la décima más cercana).

14. Hallar la superficie de un cilindro con un radio de 1 yarda y una altura de 1 yarda. (Redondea tu respuesta al número entero más cercano).

15. Hallar el volumen de un cilindro con un diámetro de 1 pie y una altura de 1 pie. (Redondea tu respuesta a la décima más cercana).

16. El volumen de un cilindro es de 0.39 metros cúbicos y el radio es de 1/4 de metro. ¿Cuál es la altura del cilindro? (Redondea tu respuesta al número entero más cercano).

RESPUESTAS

1) $S = 276$ cm^2, $V = 352$ cm^3

2) B

3) D

4) A

5) C

6) B

7) 288.5 m^3

8) 1571 cm^2

9) 9043.2 cm^3

10) 8 cm.

11) 8011.71 cm^3

12) 51.5 cm^2

13) 0.6 pies cúbicos

14) 12.56 yardas cuadradas

15) 0.8 pies cúbicos

16) 2 metros.

Sección 3: Calcular el volumen y las áreas de superficie de prismas rectos cuando se dan fórmulas geométricas

Un prisma recto es un sólido geométrico con un polígono como base y lados verticales perpendiculares a la base. La base y la superficie superior tienen la misma forma y tamaño.

La superficie total de un prisma es la suma de las áreas de sus lados verticales y sus dos bases. El volumen de un prisma recto es el área de la base multiplicada por la altura del prisma.

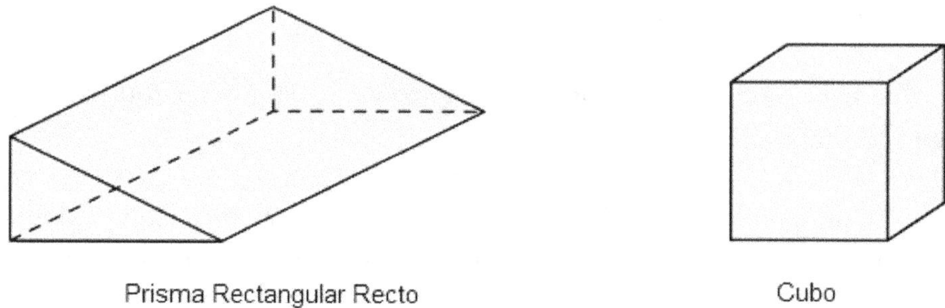

$$\text{Superficie} \implies S = ph + 2B$$

$$\text{Volumen} \implies V = Bh$$

Nota: p representa el perímetro de la base, h la altura del prisma recto y B el área de la base.

Por ejemplo, un cubo tiene seis lados. Por lo tanto, su área será la suma de las áreas de los seis lados. Como todos los lados de un cubo son cuadrados, podemos expresar el área de superficie de un cubo como seis veces el área de un cuadrado.

Ejemplo 1: Halla el área y el volumen del siguiente prisma recto.

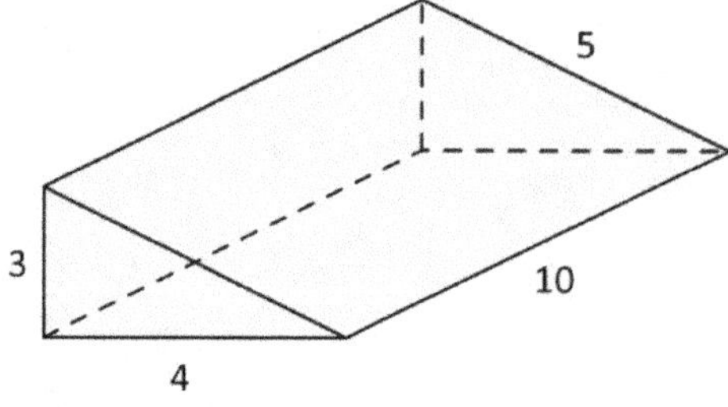

Paso 1: Observamos que la base del prisma es un triángulo rectángulo. Calculamos el perímetro del triángulo rectángulo.

$$p = 3 + 4 + 5 = 12$$

Paso 2: Calculamos el área de la base (triángulo rectángulo).

$$B = \frac{3 \times 4}{2} = \frac{12}{2} = 6$$

Paso 3: Sustituimos los valores del perímetro de la base, el área de la base y la altura en la fórmula del área:

$$S = ph + 2B$$

$$S = (12)(10) + 2(6) = \mathbf{132}$$

Paso 4: Sustituimos los valores del área de la base y la altura en la fórmula del volumen.

$$V = Bh$$

$$V = (6)(10) = \mathbf{60}$$

Ejemplo 2: Halla el área de un cubo con lados de 6 centímetros cada uno.

Paso 1: Notamos que la base de un cubo es un cuadrado. Calculamos el área del cuadrado cuyo lado mide 6 centímetros.

$$A = (6\,cm)^2 = 36\,cm^2$$

Paso 2: Como todos los lados de un cubo son cuadrados, el área de la superficie es:

$$A = 6(36\,cm^2) = \mathbf{216\ cm^2}$$

EJERCICIOS

Nota: El estudiante debe practicar problemas utilizando fórmulas para determinar el área de superficie y el volumen de prismas rectos sin usar una calculadora.

(Preguntas 1 y 2)

La siguiente figura es un prisma recto.

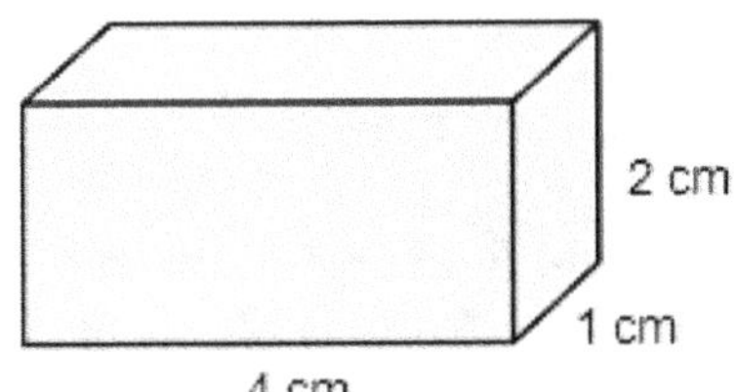

1. Hallar la superficie del prisma.

2. Hallar el volumen del prisma.

3. El triángulo base de un prisma triangular rectángulo tiene un área de 24 pulgadas cuadradas. El perímetro del triángulo rectángulo es de 24 pulgadas y la altura del prisma es de 8 pulgadas. ¿Cuál es el área de la superficie del prisma?

   A. 144 pulgadas cuadradas

   B. 240 pulgadas cuadradas

   C. 320 pulgadas cuadradas

   D. 288 pulgadas cuadradas

(Preguntas 4 y 5)

La siguiente figura es un prisma recto.

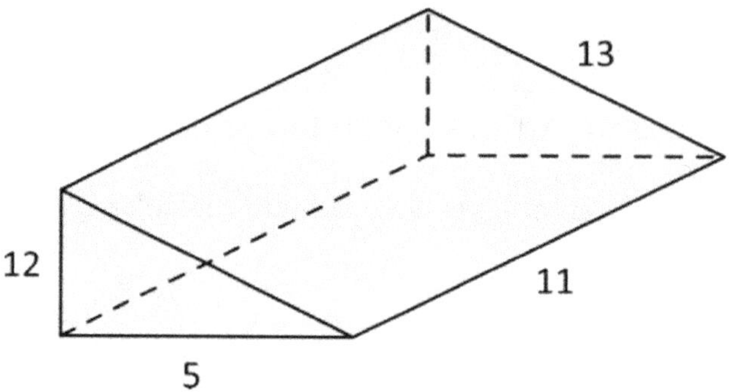

4. Hallar el área del prisma.

5. Hallar el volumen del prisma.

6. El triángulo base de un prisma triangular rectángulo tiene un área de 15 pulgadas cuadradas y el volumen del prisma es de 90 pulgadas cúbicas. ¿Cuál es la altura del prisma?

7. Calcular la superficie de un cubo cuyos lados miden 5.5 metros cada uno.

8. Hallar el volumen de un cubo cuyos lados miden 4 cm cada uno.

9. La superficie de un cubo es de 294 centímetros cuadrados. ¿Cuál es la longitud de cada lado del cubo?

(Preguntas 10 y 11)

La siguiente figura es un prisma rectangular.

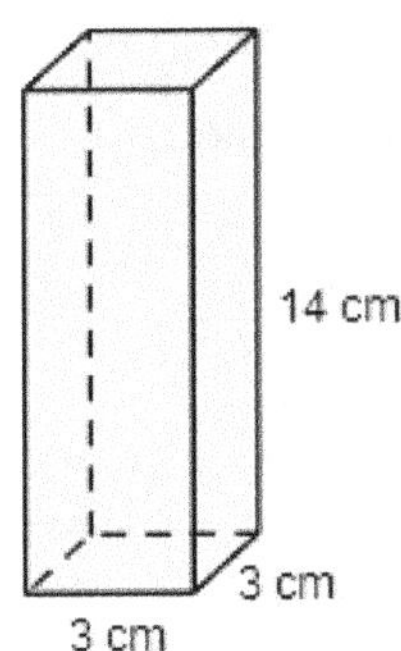

10. Hallar la superficie del prisma.

11. Hallar el volumen del prisma.

(Preguntas 12 y 13)

La siguiente figura es un cubo.

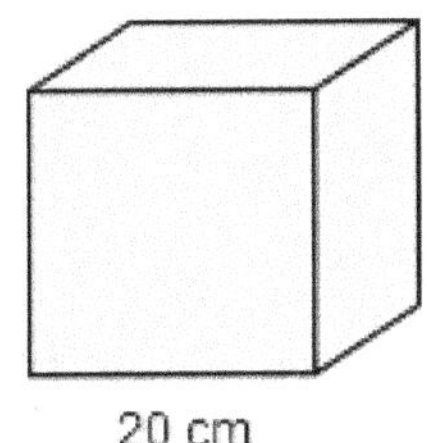

12. Hallar la superficie del cubo.

13. Hallar el volumen del cubo.

(Preguntas 14 y 15)

La siguiente figura es un prisma triangular rectangular.

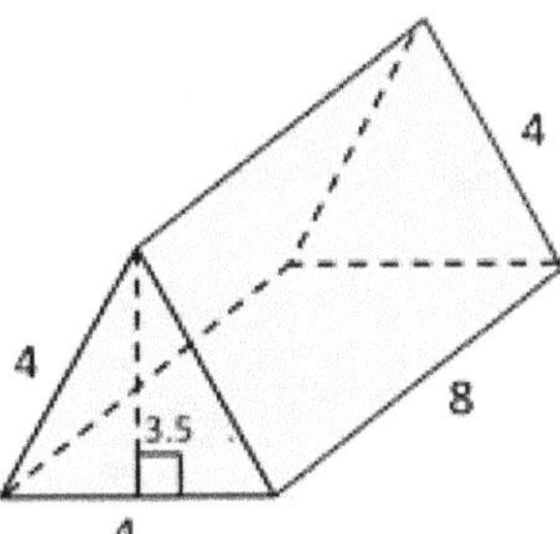

14. Hallar la superficie del prisma.

15. Hallar el volumen del prisma.

16. La superficie de un cubo es de 1 centímetro cuadrado. ¿Cuál es la longitud de cada lado del cubo? (Redondea tu respuesta a la centésima más cercana).

RESPUESTAS

1) 28 cm^2	7) 181.5 m^2	13) 8000 cm^3
2) 8 cm^3	8) 64 cm^3	14) 110
3) B	9) 7 cm.	15) 56
4) 390	10) 186 cm^2	16) 0.41 cm.
5) 330	11) 126 cm^3	
6) 6 pulg.	12) 2400 cm^2	

Sección 4: Con fórmulas geométricas, calcular el volumen y el área de superficie de pirámides y conos rectos.

Una pirámide es un cuerpo geométrico en el que la base es un polígono y todas las caras laterales son triángulos. Cuando el vértice está directamente sobre el centro de la base de la pirámide, se denomina pirámide recta.

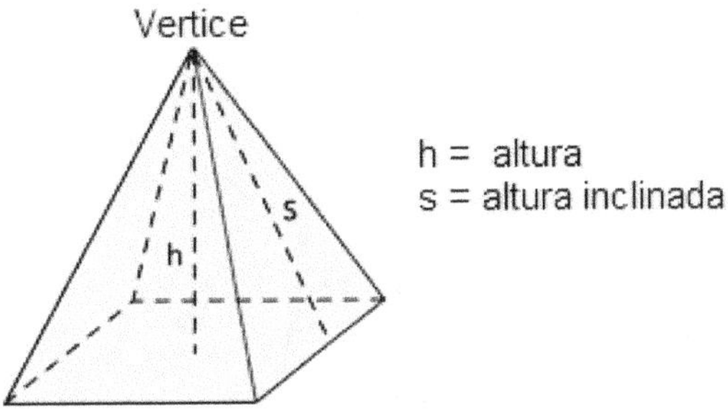

PIRÁMIDE CUADRADA RECTA

La fórmula general para el área de superficie de una pirámide recta es la siguiente:

$$S = \frac{1}{2}ps + B$$

Nota: p representa el perímetro de la base, s es la altura inclinada, y B es el área de la base.

El volumen de una pirámide es un tercio del área de la base por la altura.

$$V = \frac{1}{3}Bh$$

Un cono es una figura geométrica sólida tridimensional que tiene una base circular y un borde puntiagudo en la parte superior llamado vértice. El área de la superficie de un cono es la suma del área de su base y la superficie de los lados laterales. El volumen de un cono es un tercio del área de la base por la altura.

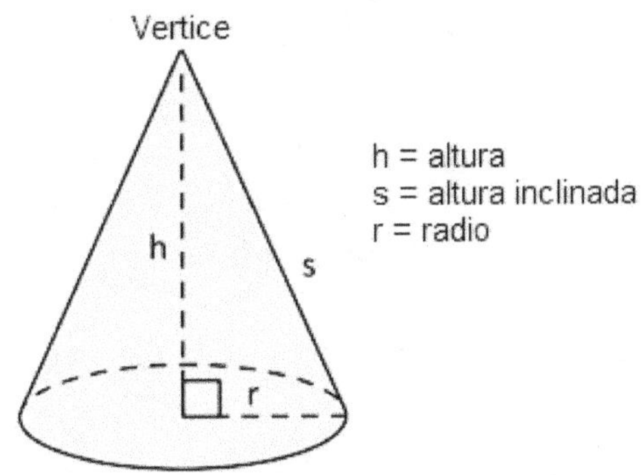

$$\text{Superficie} \implies S = \pi rs + \pi r^2$$

$$\text{Volumen} \implies V = \frac{1}{3}\pi r^2 h$$

Ejemplo 1: Halla el área de la superficie y el volumen de la siguiente pirámide recta.

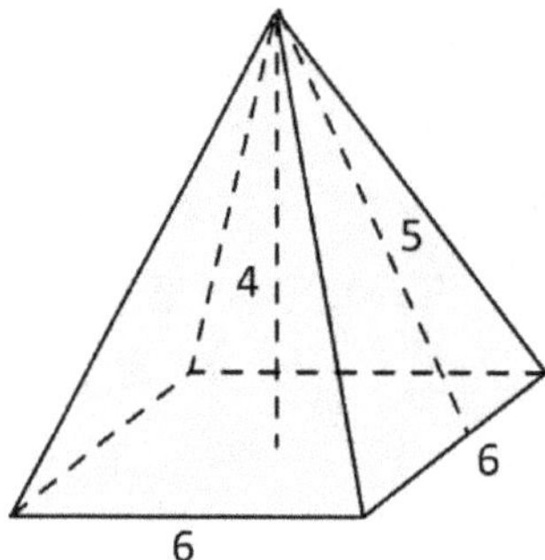

Paso 1: Tenemos una pirámide cuadrada recta. Su base es un cuadrado con un lado que mide 6.

Paso 2: Hallamos el perímetro de la base. Como la base es un cuadrado, el perímetro es el siguiente:

$$p = 4(6) = 24$$

Paso 3: Hallamos el área de la base.

$$B = (6)^2 = 36$$

Paso 4: Sustituimos los valores del perímetro, la altura inclinada y el área de la base en la fórmula para obtener el área de la superficie.

$$S = \frac{1}{2}ps + B$$

$$S = \frac{1}{2}(24)(5) + 36$$

$$S = 60 + 36 = \mathbf{96}$$

Paso 5: Sustituimos los valores de la altura y el área de la base en la fórmula del volumen.

$$V = \frac{1}{3}Bh$$

$$V = \frac{1}{3}(36)(4) = \mathbf{48}$$

Ejemplo 2: Hallar el volumen de un cono en el que el diámetro de la base es de 8 centímetros y la altura es de 10 centímetros.

Paso 1: Hallamos el radio del cono. Sabemos que el radio es la mitad de la longitud del diámetro, por lo que el radio es 8/2 = 4 cm.

Paso 2: Sustituimos los valores del radio y la altura en la fórmula del volumen.

$$V = \frac{1}{3}\pi r^2 h$$

$$V = \frac{1}{3}(3.14)(4\ cm.)^2(10\ cm.)$$

$$V = \mathbf{167.46\ cm^3}$$

EJERCICIOS

Nota: El estudiante debe practicar problemas utilizando fórmulas para determinar el área de superficie y el volumen de pirámides y conos rectos sin usar la calculadora.

(Preguntas 1 y 2)

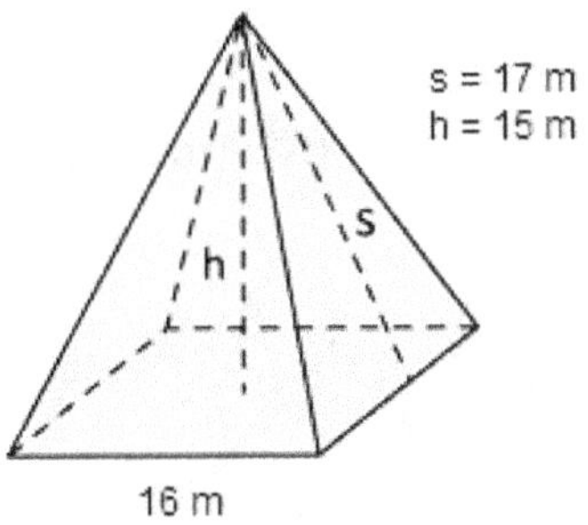

La siguiente figura es una pirámide cuadrada recta.

1. Hallar la superficie de la pirámide.

2. Hallar el volumen de la pirámide.

3. El lado de la base de una pirámide cuadrada recta mide 10 cm y su volumen es de 600 cm^3. Hallar la altura de la pirámide.

4. ¿Cuál la superficie de un cono si el radio es 5 centímetros y la altura inclinada es 12 centímetros?

   A. 65π cm^2

   B. 90π cm^2

   C. 85π cm^2

   D. 60π cm^2

5. Si la altura de un cono es 18 pies y su volumen es 216π pies cúbicos, ¿cuál es el radio de su base?

   A. 12 pies

   B. 6 pies

   C. 8 pies

   D. 3 pies

6. El producto del área de la base por la altura de una pirámide cuadrada recta es 120 cm^2 ¿Cuál es el volumen de la pirámide?

   A. 12 cm^3

   B. 360 cm^3

   C. 60 cm^3

   D. 40cm^3

7. Hallar el volumen del siguiente cono. (Redondea tu respuesta al pie cúbico más cercano).

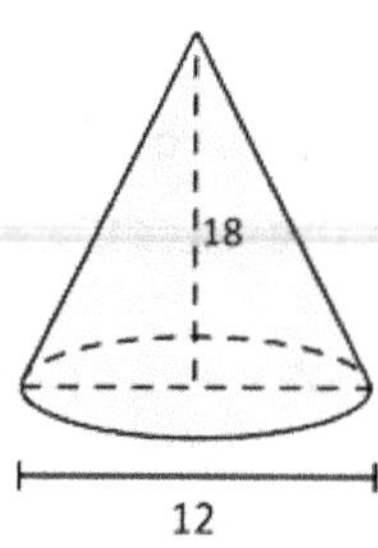

8. Hallar el volumen del siguiente prisma recto. (Redondea tu respuesta a la décima más cercana)

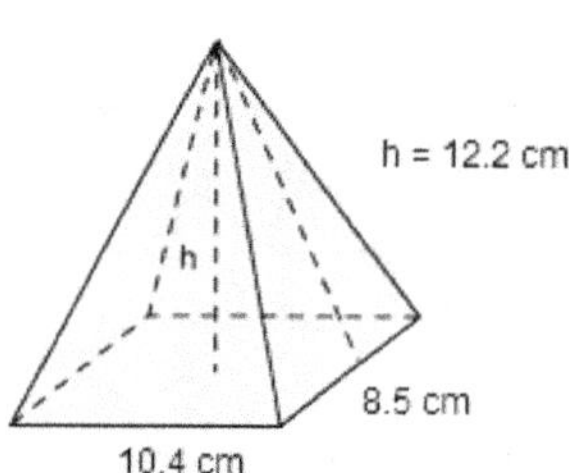

9. Calcular la superficie de una pirámide con una base cuadrada de 15 metros de largo y una altura inclinada de 12 metros.

10. Un granjero planea colocar material nuevo en el techo cónico de su silo, como se muestra a continuación. Calcula la cantidad de pies cuadrados de material para techos que necesitará. (Redondea tu respuesta a la décima más cercana).

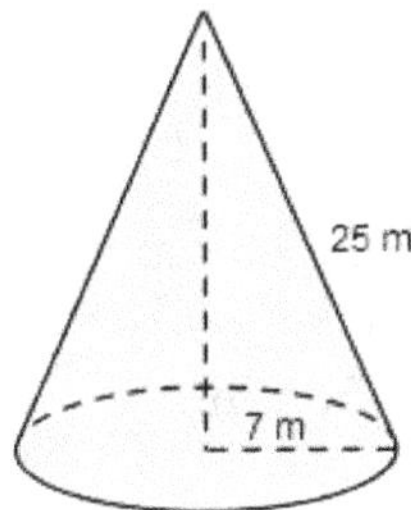

11. Hallar la superficie del siguiente prisma recto.

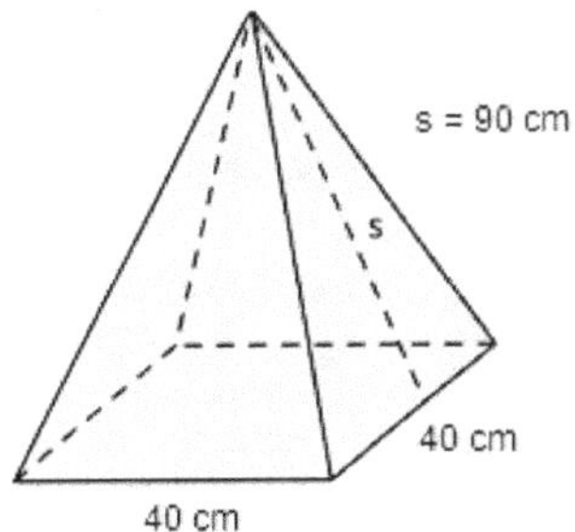

12. El diámetro de un cono es de 12 metros y su volumen es de 302 m^3. Hallar la altura del cono. (Redondea tu respuesta al pie más cercano).

13. El área de la base de un prisma recto es de 17.28 m^2 y su volumen es de 47.6 m^3. Hallar la altura del prisma. (Redondea tu respuesta a la décima más cercana).

(Preguntas 14 a la 16)

La siguiente figura es un cono.

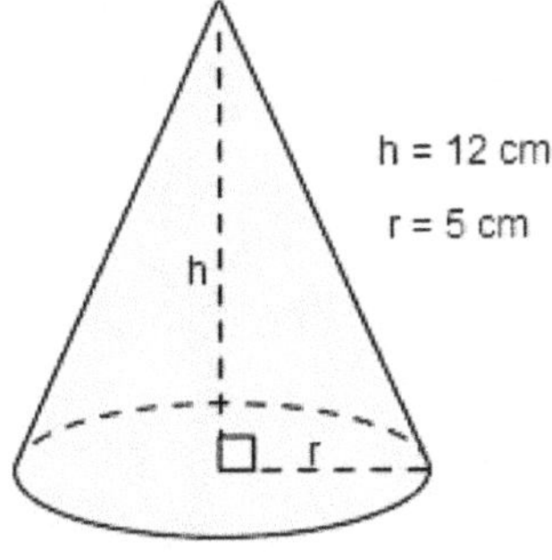

14. Hallar la altura inclinada del cono. (Sugerencia: aplicar el teorema de Pitágoras).

15. Hallar la superficie del cono.

16. Hallar el volumen del cono

RESPUESTAS

1) 800 m^2	7) 378	13) 8.3 m.
2) 1280 m^3	8) 359.5 cm^3	14) 13 cm.
3) 18 cm.	9) 585 m^2	15) 282.6 cm^2
4) C	10) 703.4 m^2	16) 314 cm^3
5) B	11) 8800 cm^2	
6) D	12) 8 m.	

Sección 5: Calcular el volumen y el área de superficie de esferas cuando se dan fórmulas geométricas.

Una esfera es el conjunto de todos los puntos del espacio que se encuentran a una distancia determinada de un punto dado. La distancia determinada se denomina radio y el punto dado es el centro.

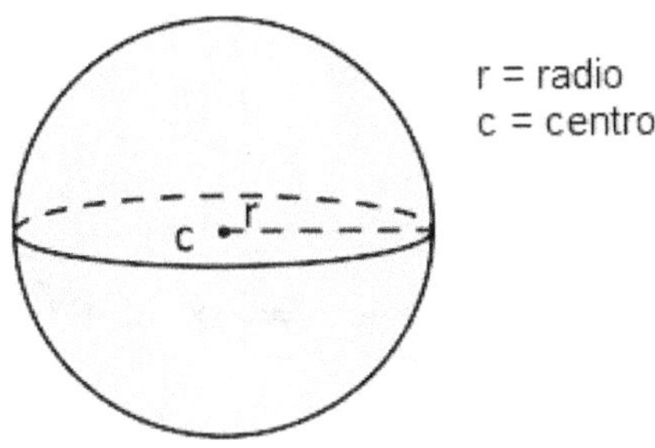

$$\text{Superficie} \implies S = 4\pi r^2$$

$$\text{Volumen} \implies V = \frac{4}{3}\pi r^3$$

Ejemplo 1: Hallar la superficie y el volumen de una esfera con un radio de 5 centímetros.

Paso 1: Aplicamos la fórmula para el área de superficie de la esfera.

$$S = 4\pi r^2$$

$$S = 4(3.14)(5 \text{ cm})^2 = \mathbf{314 \ cm^2}$$

Paso 2: Aplicamos la fórmula para el volumen de la esfera.

$$V = \frac{4}{3}\pi r^3$$

$$V = \frac{4}{3}(3.14)(5 \text{ cm})^3 = \mathbf{523.3 \ cm^3}$$

Ejemplo 2: La superficie de una esfera es 1017.36 pulgadas cuadradas. Halla el radio de la esfera.

Paso 1: Sustituimos el valor del área de superficie en la fórmula por el área de superficie de la esfera y calculamos.

$$S = 4\pi r^2$$

$$1017.36 = 4(3.14)r^2$$

$$1017.36 = 12.56r^2$$

Paso 2: Tenemos una ecuación. Resolvemos la ecuación.

$$12.56r^2 = 1017.36$$

$$r^2 = \frac{1017.36}{12.56} \implies r^2 = 81$$

Paso 3: Sacamos la raíz cuadrada en ambos lados de la ecuación para eliminar el exponente del lado izquierdo de la ecuación.

$$\sqrt{r^2} = \sqrt{81}$$

$$r = 9$$

Respuesta: El radio de la esfera es de **9 pulgadas**.

EJERCICIOS

Nota: El estudiante debe practicar problemas utilizando fórmulas para determinar el área de superficie y el volumen de esferas sin usar la calculadora.

(Utiliza $\pi = 3{,}14$ para calcular tus respuestas).

1. Hallar la superficie de una esfera con un radio de 3 metros.

2. El diámetro de una esfera es de 6 pulgadas. ¿Cuál es el volumen de la esfera?

    A. 288π pulgadas cúbicas

    B. 144π pulgadas cúbicas

    C. 36π pulgadas cúbicas

    D. 28π pulgadas cúbicas

3. El radio de una esfera es 1 yarda. ¿Cuál es el área de la superficie de la esfera?

    A. 8π yardas cuadradas

    B. 4π yardas cuadradas

    C. 2π yardas cuadradas

    D. 6π yardas cuadradas

4. La superficie de una esfera es 64π pulgadas cuadradas. ¿Cuál es el radio de la esfera?

   A. 4 pulgadas

   B. 2 pulgadas

   C. 8 pulgadas

   D. 10 pulgadas

5. Hallar la superficie de una esfera con un diámetro de 2 yardas.

6. La superficie de una esfera es de 4π pulgadas cuadradas. ¿Cuál es el radio de la esfera?

   A. 2 pulgadas

   B. 4 pulgadas

   C. 6 pulgadas

   D. 1 pulgada

7. El radio de una esfera es de 5.5 metros. Hallar la superficie de la esfera.

8. La superficie de una esfera es 1808.06 cm². Halla el radio de la esfera. (Redondea tu respuesta a dos decimales).

9. El diámetro de una esfera es 24.8 pulgadas. Halla el volumen de la esfera. (Redondea tu respuesta a la décima más cercana).

10. Halla la superficie de una esfera con un radio de 5/6 yardas. (Redondea tu respuesta al número entero más cercano).

11. Una pelota de fútbol tiene un diámetro de 10.2 cm. Calcula el volumen de la pelota. (Redondea tu respuesta al número entero más cercano).

12. Una semiesfera es la mitad exacta de una esfera. Si el radio de una semiesfera es de 15 centímetros, ¿cuál es la superficie de la semiesfera?

13. El diámetro de una semiesfera es de 14.2 metros. Hallar la superficie de la semiesfera. (Redondea tu respuesta a la décima más cercana).

14. El radio de una semiesfera mide 20 centímetros. Hallar el volumen de la semiesfera. (Redondea tu respuesta a la décima más cercana).

15. ¿Qué fórmula podemos utilizar para calcular el volumen de una semiesfera de radio r?

   A. $V = \frac{4}{3}\pi r^3$

   B. $V = \frac{8}{3}\pi r^3$

   C. $V = \frac{2}{3}\pi r^3$

   D. $V = 2\pi r^3$

16. La superficie de una esfera es 803.84 cm². Hallar el volumen de la esfera.

RESPUESTAS

1) $113.04\ m^2$

2) C

3) B

4) A

5) 12.56 yardas cuadradas

6) D

7) $379.94\ m^2$

8) 12 cm.

9) $79824\ in^3$

10) $8.7\ yd^2$

11) $4443\ cm^3$

12) $1413\ cm^2$

13) $316.6\ m^2$

14) $16746.7\ cm^3$

15) C

16) $2143.6\ cm^3$

Sección 6: Calcular el área de superficie y el volumen de figuras geométricas tridimensionales compuestas

Las figuras geométricas tridimensionales compuestas están formadas por dos o más figuras tridimensionales. Para calcular el área de superficie de las figuras geométricas tridimensionales compuestas, calculamos el área de superficie de cada figura sólida y luego sumamos las áreas de superficie.

Para calcular el volumen de figuras geométricas tridimensionales compuestas, calculamos el volumen de cada figura sólida individualmente.

Ejemplo 1: Hallar la superficie y el volumen de la siguiente figura compuesta.

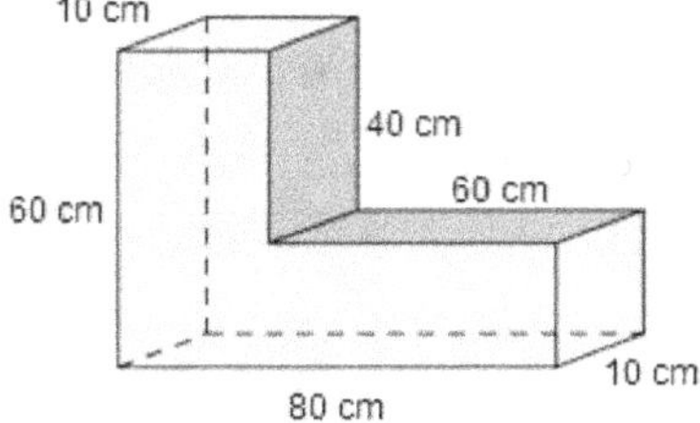

Paso 1: Dividimos la figura compuesta en dos prismas rectangulares.

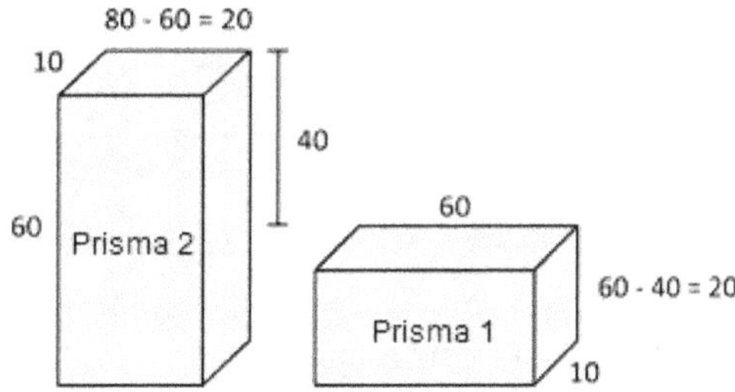

Paso 2: Hallamos las superficies de las caras externas del Prisma 1. Hay cinco caras: frontal y posterior, superior e inferior, y el lado derecho. No hay lado izquierdo porque está unido al Prisma 2.

$$\text{Área de la parte delantera y trasera} \rightarrow A_1 = 2(60 \times 20) = 2(1200) = 2400 \text{ cm}^2$$

$$\text{Área de la parte superior e inferior} \rightarrow A_2 = 2(60 \times 10) = 2(600) = 1200 \text{ cm}^2$$

$$\text{Área del lado derecho} \rightarrow A_3 = 20 \times 10 = 200 \text{ cm}^2$$

Paso 3: Sumamos las áreas de las caras exteriores del Prisma 1.

$$S_1 = A_1 + A_2 + A_3$$

$$S_1 = 2400 + 1200 + 200 = 3800 \; cm^2$$

Paso 4: Calculamos el área de la superficie de las caras exteriores del Prisma 2. Hay seis caras: frontal y posterior, superior e inferior, izquierda y un lado derecho parcial.

$$\text{Área de la parte delantera y trasera} \rightarrow A_1 = 2(60 \times 20) = 2(1200) = 2400 \text{ cm}^2$$

$$\text{Área de la parte superior e inferior} \rightarrow A_2 = 2(10 \times 20) = 2(200) = 400 \text{ cm}^2$$

$$\text{Área del lado izquierdo} \rightarrow A_3 = 60 \times 10 = 600 \text{ cm}^2$$

$$\text{Área del lado derecho parcial} \rightarrow A_4 = 40 \times 10 = 400 \text{ cm}^2$$

Paso 5: Sumamos las áreas de las caras exteriores del Prisma 2.

$$S_2 = A_1 + A_2 + A_3 + A_4$$

$$S_1 = 2400 + 400 + 600 + 400 = 3800 \; cm^2$$

Paso 6: Luego, la superficie total de la figura compuesta es:

$$S_T = S_1 + S_2$$

$$S_T = 3800 + 3800 = \mathbf{7600 \text{ cm}^2}$$

Paso 7: Hallamos el volumen de cada prisma rectangular.

$$\text{Prism } 1 \implies V_1 = (60)(10)(20) = 12000 \; cm^3$$

$$\text{Prism } 2 \implies V_2 = (60)(10)(20) = 12000 \; cm^3$$

Paso 8: Entonces, el volumen de la figura compuesta es:

$$V_T = V_1 + V_2$$

$$V_T = 12000 + 12000 = \mathbf{24000 \text{ cm}^3}$$

EJERCICIOS

Nota: El estudiante debe practicar el cálculo de problemas utilizando fórmulas para determinar las áreas de superficie y el volumen de figuras tridimensionales compuestas sin utilizar la calculadora.

(Preguntas 1 a la 3)

La siguiente figura es una figura geométrica tridimensional compuesta.

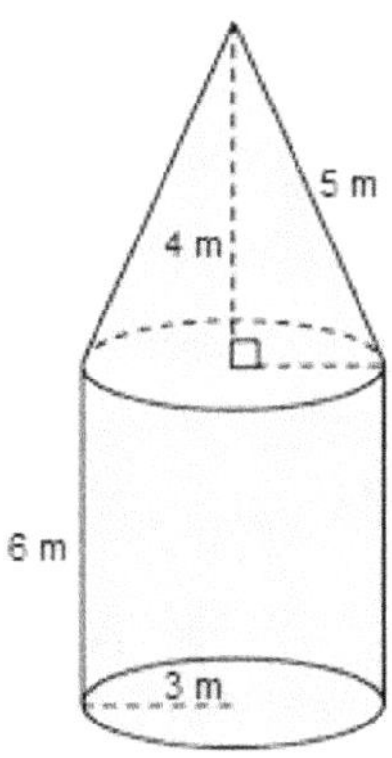

1. ¿Cuál es el radio del cono?

    A. 6 m   C. 4 m.

    B. 3 m.   D. 8 m.

2. ¿Cuál es la superficie de la figura compuesta?

    A. 54π m^2 C. 78π m^2

    B. 62π m^2 D. 80π m^2

3. ¿Cuál es el volumen de la figura compuesta?

    A. 66π m^3 C. 54π m^3

    B. 90π m^3 D. 68π m^3

(Preguntas 4 a 7)

La siguiente figura es una figura geométrica tridimensional compuesta.

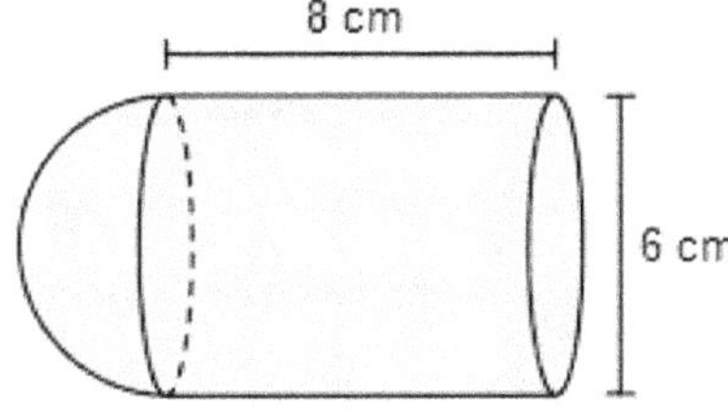

4. La figura está compuesta por dos figuras sólidas. ¿Cuáles son estas figuras?

    A. Esfera y cilindro.   C. Semiesfera y cono.

    B. Cilindro y semiesfera.   D. Cono y prisma.

5. ¿Cuál es el radio de la semiesfera?

A. 6 cm.

C. 5 cm.

B. 4 cm.

D. 3 cm.

6. ¿Cuál es la superficie de la figura compuesta?

A. 102π cm^2

C. 84π cm^2

B. 66π cm^2

D. 70π cm^2

7. ¿Cuál es el volumen de la figura compuesta?

A. 90π cm^3

C. 72π cm^3

B. 100π cm^3

D. 86π cm^3

(Preguntas 8 a la 11)

La siguiente figura es una figura geométrica tridimensional compuesta.

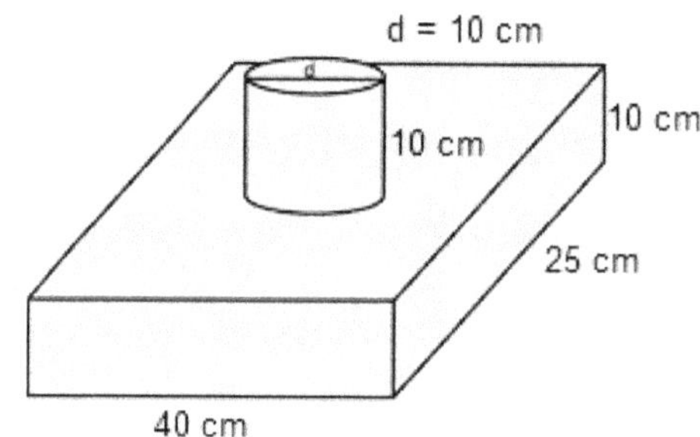

8. La figura está compuesta por dos figuras sólidas. ¿Cuáles son estas figuras?

A. Pirámide y cilindro.

C. Cilindro y prisma rectangular.

B. Cubo y cilindro.

D. Cono y prisma.

9. Hallar el radio del cilindro.

10. Hallar la superficie de la figura compuesta.

11. Hallar el volumen de la figura compuesta.

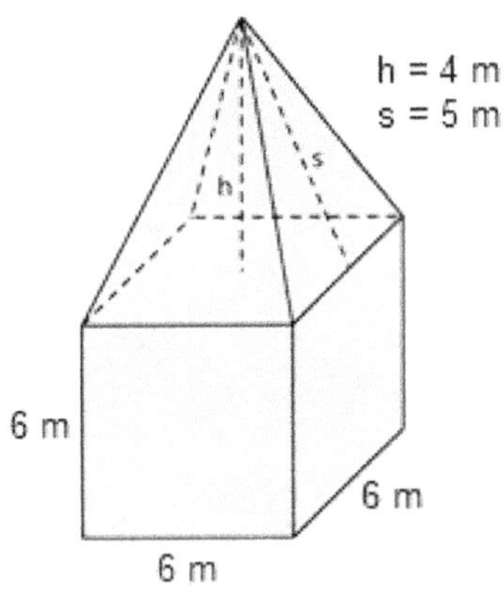

(Preguntas 12 a la 14)

La siguiente figura es una figura geométrica tridimensional compuesta.

12. La figura está compuesta por dos figuras sólidas. ¿Cuáles son estas figuras?

    A. Prisma rectangular y pirámide.   C. Cubo y prisma.

    B. Cono y prisma rectangular.   D. Pirámide y cubo.

13. Hallar la superficie de la figura compuesta.

14. Hallar el volumen de la figura compuesta.

(Preguntas 15 a la 16)

La siguiente figura es una figura geométrica tridimensional compuesta. (Usar $\pi = 3.14$).

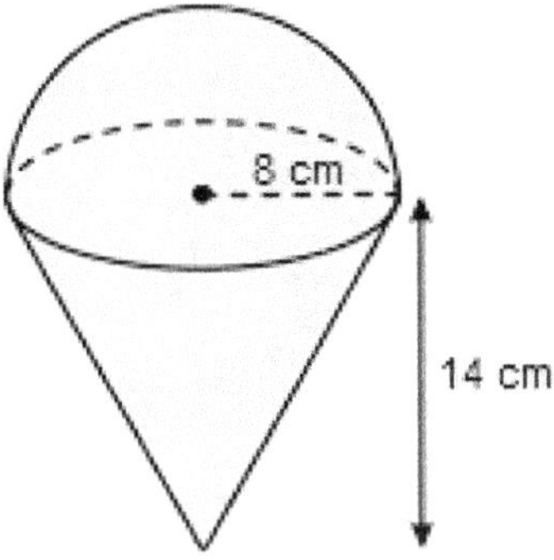

15. Hallar la superficie de la figura compuesta. (Redondea tu respuesta al número entero más cercano).

16. Hallar el volumen de la figura compuesta. (Redondea tu respuesta al número entero más cercano).

RESPUESTAS

1) B	7) A	13) 240 m²
2) C	8) C	14) 264 m³
3) A	9) 5 cm.	15) 807 cm²
4) B	10) 3614 cm²	16) 2010 cm³
5) D	11) 10785 cm³	
6) C	12) D	

REFLEXIÓN SOBRE EL APRENDIZAJE

Responde las siguientes preguntas de reflexión y siéntete libre de discutir tus respuestas con tu maestro o un compañero de clase.

1- ¿Qué idea, principio o estructura de matemáticas de GED aprendiste en este capítulo?

2- ¿Qué conceptos y terminología matemática aprendiste en este capítulo?

3- ¿Qué procedimientos o métodos trabajaste en esta sección?

4- ¿Qué aspecto de este apartado aún no te queda 100 % claro?

5- ¿Qué más quieres que sepa tu profesor?

CAPÍTULO 5:
ESCRIBIR, MANIPULAR Y RESOLVER DESIGUALDADES LINEALES

Conceptos y terminología matemática

DESIGUALDAD	Una relación entre dos expresiones que no son iguales
RECTA NUMÉRICA	Una línea recta con números colocados en segmentos iguales a lo largo de su longitud.

Sección 1: Resolución de desigualdades lineales en una variable con coeficientes de números racionales

Las desigualdades lineales son expresiones en las que se comparan dos valores cualesquiera mediante símbolos de desigualdad. Los símbolos que representan desigualdades son los siguientes:

$<$ (menor que)

$>$ (mayor que)

$\leq$ (menor o igual a)

$\geq$ (mayor o igual a)

Para resolver una desigualdad lineal, hacemos lo mismo cuando resolvemos ecuaciones lineales. Normalmente, empezamos por aislar la variable de las constantes (números racionales). Al resolver desigualdades lineales, es importante no olvidar invertir el signo de desigualdad al multiplicar o dividir con **números negativos**.

Ejemplo 1: Resuelve la siguiente desigualdad: $6x - 15 \leq 4x + 5$

Paso 1: Sumamos 15 en ambos lados de la desigualdad.

$$6x - 15 + 15 \leq 4x + 5 + 15$$

$$6x \leq 4x + 20$$

Paso 2: Restamos 4x de ambos lados de la desigualdad.

$$6x - 4x \leq 4x - 4x + 20$$

$$2x \leq 20$$

Paso 3: Dividimos ambos lados entre 2.

$$\frac{2x}{2} \leq \frac{20}{2}$$

$$x \leq 10$$

Respuesta: La solución de la desigualdad es $x \leq 10$. Esto representa el conjunto de números que son menores o iguales a 10.

Ejemplo 2: Resuelve la siguiente desigualdad.

$$2(x - 3) > \frac{7}{2}x + 2$$

Paso 1: Aplicamos la propiedad distributiva de la multiplicación en el lado izquierdo de la desigualdad para eliminar los paréntesis

$$2x - 6 > \frac{7}{2}x + 2$$

Paso 2: Multiplicamos ambos lados de la desigualdad por 2 para eliminar el denominador.

$$2(2x - 6) > 2\left(\frac{7}{2}x + 2\right)$$

$$4x - 12 > 7x + 4$$

Paso 3: Restamos 7x de ambos lados de la desigualdad.

$$4x - 7x - 12 > 7x - 7x + 4$$

$$-3x - 12 > 4$$

Paso 4: Sumamos 12 en ambos lados de la desigualdad.

$$-3x - 12 + 12 > 4 + 12$$

$$-3x > 16$$

Paso 5: Multiplicamos ambos lados por -1 y el signo de la desigualdad se invierte.

$$-1(-3x) > -1(16)$$

$$3x < -16$$

Paso 6: Dividimos ambos lados de la desigualdad entre 3.

$$\frac{3x}{3} < -\frac{16}{3}$$

$$x < -\frac{16}{3}$$

Respuesta: La solución de la desigualdad es $x < -\frac{16}{3}$

EJERCICIOS

Nota: El estudiante debe practicar cómo resolver desigualdades lineales sin usar la calculadora.

1. Revuelve la siguiente desigualdad.

$$5x - 8 < 22$$

2. Revuelve la desigualdad $4x + 2 \geq 6x + 6$.

    A. A.x≥2   C. C.x≤-2

    B. B.x≤-4   D. D.x≥-4

3. Revuelve la desigualdad $5x > 100$.

    A. x>20   C. x<20

    B. x>-20   D. x>50

4. Revuelve la desigualdad $-9x > -81$.

    A. A.x>9   C. x<7

    B. B.x>8   D. D.x<9

5. Revuelve la siguiente desigualdad.

$$\frac{3x}{5} < 9$$

6. Revuelve la siguiente desigualdad.

$$\frac{y}{10} \leq \frac{9}{2}$$

7. Revuelve la siguiente desigualdad.

$$6(x - 9) > 4(3 - 2x)$$

8. ¿Cuál de las siguientes opciones es una solución a la desigualdad $9t \leq 729$?

A. 84   C. 68

B. 100   D. 92

9. ¿Cuál de las siguientes opciones es una solución a la desigualdad $-2y > -76$?

A. A.39   C. C.38

B. B.51   D. D.24

10. Revuelve la siguiente desigualdad.

$$0.5y - 6.5 > 14$$

11. Revuelve la siguiente desigualdad.

$$8 - 1.2x > -x + 14$$

12. Revuelve la siguiente desigualdad.

$$\frac{2x}{5} + 8 \leq 2x + 10$$

13. ¿Cuál de las siguientes opciones es una solución a la desigualdad $0.25x > 6.50$?

A. A.26   C. C.21

B. B.32   D. D.19

14. Revuelve la siguiente desigualdad.

$$0.1t + 24 \leq 0.3t - 8$$

15. Revuelve la siguiente desigualdad.

$$-y - 1 > 2(2y + 2)$$

16. Revuelve la siguiente desigualdad.

$$\frac{x}{4} + 1 \geq \frac{1}{4}$$

RESPUESTAS

1) x < 6	7) x > 33/7	13) B
2) C	8) C	14) t ≥ 160
3) A	9) D	15) y < −1
4) D	10) y > 41	16) x ≥ −3
5) x < 15	11) x < −30	
6) y ≤ 45	12) x ≥ −5/4	

Sección 2: Identificar o graficar la solución de una desigualdad lineal de una variable en una recta numérica.

La gráfica de la solución de una desigualdad lineal en una variable es una recta numérica. Podemos utilizar un punto abierto para los símbolos $<$, $>$ y un punto cerrado para $\leq$, $\geq$.

Ejemplo 1: Revuelve y grafica la solución de la siguiente desigualdad.

$$4x - 5 > 15$$

Paso 1: Sumamos 5 en ambos lados de la desigualdad.

$$4x - 5 + 5 > 15 + 5$$

$$4x > 20$$

Paso 2: Dividimos ambos lados entre 4.

$$\frac{4x}{4} > \frac{20}{4}$$

$$x > 5$$

Paso 3: Luego, la solución de la desigualdad es $x > 5$. Esto representa el conjunto de números que son mayores que 5.

Paso 4: Mostramos la solución en la recta numérica sombreando la recta numérica a la derecha del 5 y colocando un punto abierto en 5. Observamos que el número 5 no está incluido en la solución.

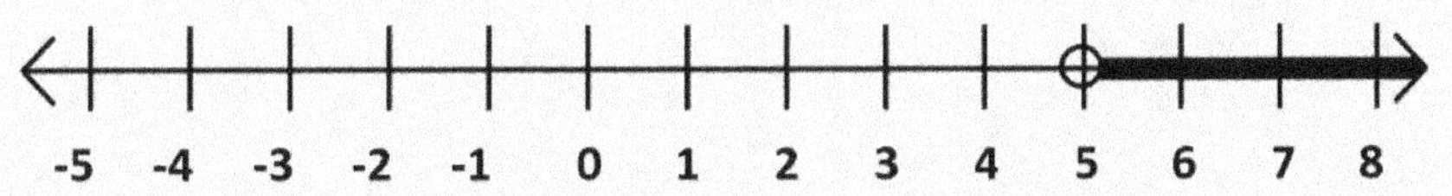

Ejemplo 2: Grafica la solución de la siguiente desigualdad.

$$y \leq -2$$

Paso 1: La desigualdad $y \leq -2$ representa el conjunto de números que son menores o iguales a -2.

Paso 2: Mostramos la solución en la recta numérica sombreando la recta numérica a la izquierda de -2 y colocando un punto cerrado en -2. Observamos que el número -2 está incluido en la solución.

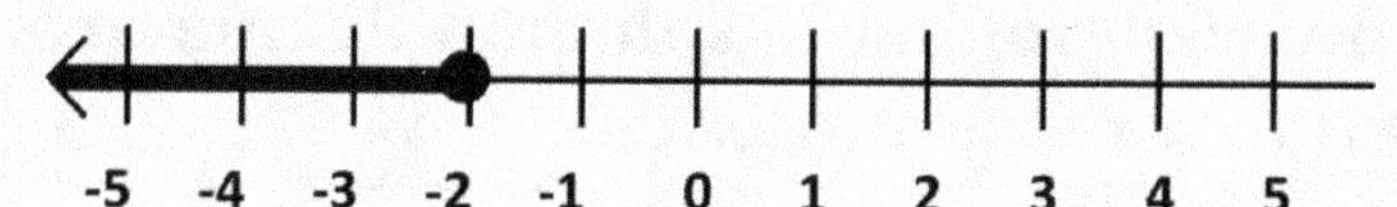

EJERCICIOS

Nota: El estudiante debe practicar problemas sobre la identificación y graficación de las soluciones de desigualdades lineales sin utilizar la calculadora.

1. Resuelve y grafica la solución de la siguiente desigualdad.

$$4x - 1 \geq 3$$

2. ¿Cuál desigualdad representa la siguiente recta numérica?

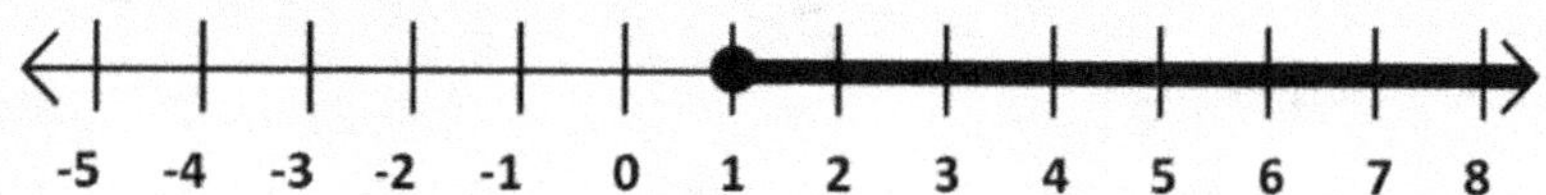

A. $x < 1$

B. $x > 1$

C. $x \leq 1$

D. $x \geq 1$

3. ¿Cuál desigualdad representa la siguiente recta numérica?

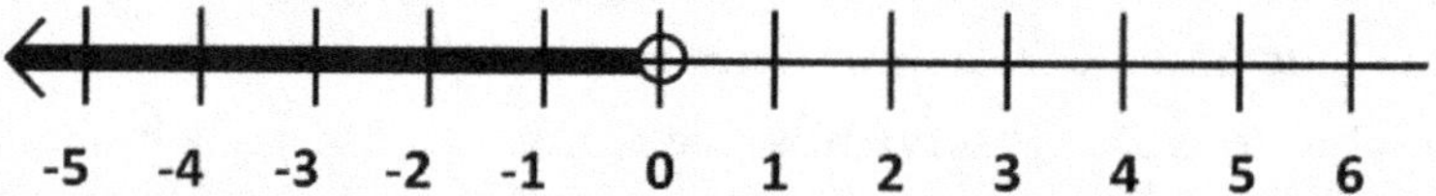

A. $x < 0$

B. $x > 0$

C. $x \leq 0$

D. $x \geq 0$

4. ¿Cuál desigualdad representa la siguiente recta numérica?

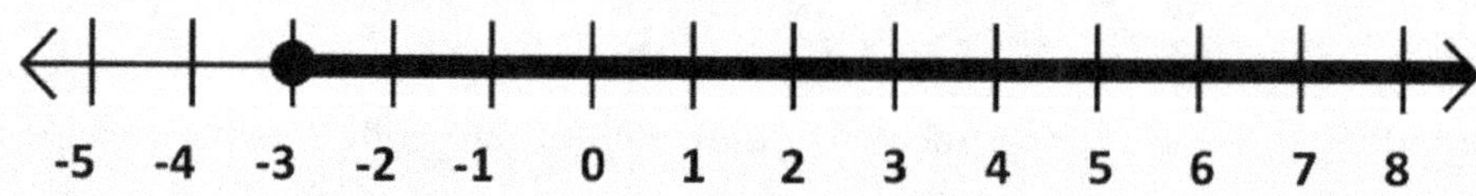

A. $y \leq -3$

B. $y > -3$

C. $y < -3$

D. $y \geq -3$

5. Resuelve y grafica la solución de la siguiente desigualdad.

$$\frac{5x}{6} \le 10$$

6. ¿Cuál desigualdad representa la siguiente recta numérica?

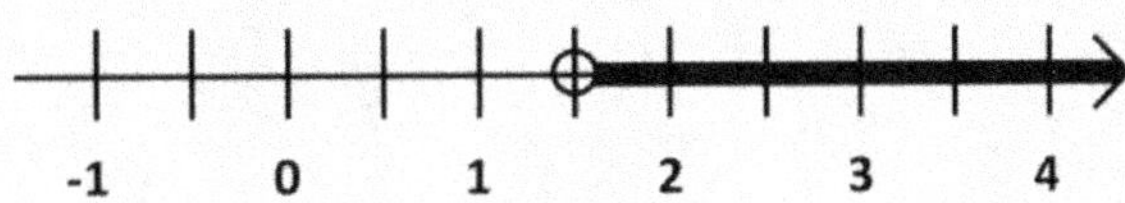

A. $y \le 1/2$ C. $y < 5/4$

B. $y > 3/2$ D. $y \ge 3/2$

7. Grafica la solución de la siguiente desigualdad.

$$6x - 15 < 8x + 45$$

8. Grafica la solución de la siguiente desigualdad.

$$1.25y - 8 \ge 0.25y$$

9. ¿Cuál desigualdad representa la siguiente recta numérica?

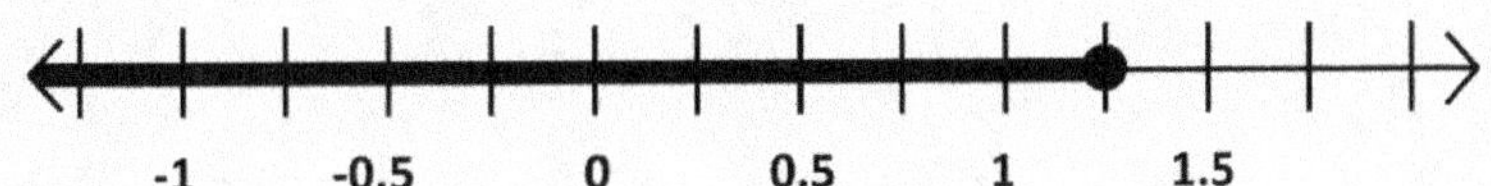

A. $x < 1.5$ C. $x \le 1.25$

B. $x > 1.05$ D. $x \ge 1.30$

10. Resuelve y grafica la solución de la siguiente desigualdad.

$$4(4 - x) + 5 > 3x$$

11. Resuelve y grafica la solución de la siguiente desigualdad.

$$3.5\,x < 70$$

12. Resuelve y grafica la solución de la siguiente desigualdad.

$$6 - 6x < 6x$$

13. ¿Qué desigualdad representa la siguiente recta numérica?

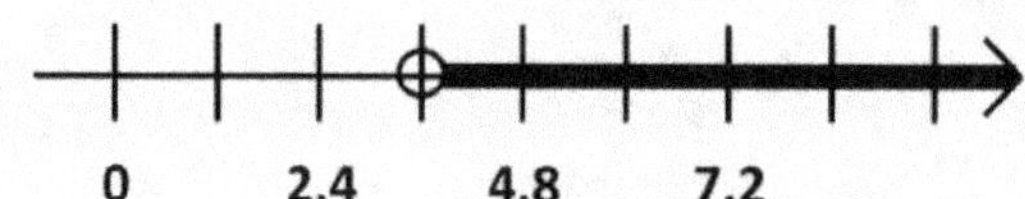

A. $x < 3{,}2$ C. $x \leq 3{,}2$

B. $x > 3{,}6$ D. $x \geq 3{,}6$

14. Resuelve y grafica la solución de la siguiente desigualdad.

$$\frac{3x}{8} \leq 15$$

15. Resuelve y grafica la solución de la siguiente desigualdad.

$$\frac{x}{100} \leq 0.1$$

16. Resuelve y grafica la solución de la siguiente desigualdad.

$$\frac{x}{3} + 6 \geq 3$$

RESPUESTAS

1) $x \geq 1$ 3) A   5) $x \leq 12$

2) D   4) D   6) B

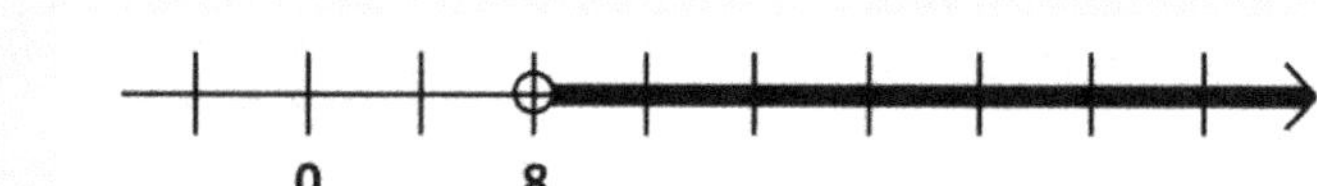

7)

8)

9) C   12) $x > \frac{1}{2}$ 15) $x \leq 10$

10) $x < 3$ 13) B   16) $x \geq -9$

11) $x < 20$ 14) $x \leq 40$

Sección 3: Solución de problemas de la vida real que involucran desigualdades

Podemos utilizar desigualdades para resolver problemas de la vida real. A continuación, se resumen algunas de las palabras y frases clave que indican desigualdades:

Al menos→ significa mayor o igual a ($\geq$)

No más que→ significa menor o igual a ($\leq$)

Más que→ significa mayor que ($>$)

Menos que→ significa menor que ($<$)

Ejemplo 1: Manuel tiene $ 2000 en una cuenta de ahorros. Él quiere tener al menos $ 320 en la cuenta antes de fin de año. Retira $ 80 cada semana para comida y ropa. ¿Por cuántas semanas puede Manuel retirar dinero de su cuenta?

Paso 1: Primero, elegimos una variable para el número de semanas. Siendo x el número de semanas.

Paso 2: Identificamos las palabras y frases clave. Manuel quiere que el monto en su cuenta sea al menos $ 320, lo que significa $ 320 o más. Por lo tanto, debemos usar el símbolo $\geq$.

Paso 3: Planteamos la desigualdad que representa la situación.

$$2000 - 80x \geq 320$$

Paso 4: Resolvemos la desigualdad. Restamos 2000 de ambos lados.

$$2000 - 2000 - 80x \geq 320 - 2000$$

$$-80x \geq -1680$$

Paso 5: Multiplicamos ambos lados por -1. El signo de la desigualdad se invierte.

$$-1(-80x) \geq -1(-1680)$$

$$80x \leq 1680$$

Paso 6: Dividimos ambos lados entre 80.

$$\frac{80x}{80} \leq \frac{1680}{80}$$

$$x \leq 21$$

Respuesta: El número de semanas que Manuel puede retirar dinero de su cuenta es de **21 semanas o menos.**

Sección 4: Plantear desigualdades lineales en una variable para representar el contexto de una situación o problema.

Ejemplo 1: Escribe una desigualdad lineal para la siguiente situación:

Cuatro más el doble de un número es como máximo 13.

Paso 1: Primero, elegimos una variable para el número desconocido. Siendo x el número desconocido.

Paso 2: Identificamos las palabras y frases clave. La frase clave, "es como máximo", indica que la cantidad tiene un valor máximo de 13 o menos. Por lo tanto, debemos utilizar el símbolo $\leq$.

Paso 3: Planteamos la desigualdad que representa la situación.

$$2x + 4 \leq 13$$

EJERCICIOS

Nota: El estudiante debe practicar problemas utilizando desigualdades lineales sin utilizar la calculadora.

1. Escribe una desigualdad lineal para la siguiente situación. (Usa x para representar el número desconocido).

   Cuando se resta un número a 7, el resultado es como máximo 20.

   (Preguntas 2 y 3)

   Raquel gana $ 15 por día más $ 0.50 por cada persona que logre registrar para votar. Raquel quiere ganar al menos $ 40 por día.

2. ¿Cuál es la desigualdad que representa el problema?

   A. $15x + 0.5 \geq 40$

   B. $15 + 0.5x \leq 40$

   C. $15 + 0.5x \geq 40$

   D. $15 + 0.5x > 40$

3. ¿Cuántas personas debe registrar Raquel para ganar al menos $ 40 por día?

   A. 40

   B. 55

   C. 60

   D. 50

4. Si a un número multiplicado por cinco se le suma seis, el resultado es menor que 100. ¿Cuál es la desigualdad que representa el problema?

A. $5n + 6 < 100$

B. $5n - 6 < 100$

C. $5n + 6 \geq 100$

D. $6n + 5 < 100$

Isabel está organizando la fiesta de cumpleaños de su hija y tiene un presupuesto de $ 1100. Un salón de fiestas cobra $ 20 por niño. Isabel quiere ajustarse a su presupuesto. (Preguntas 5 y 6)

5. ¿Cuál es la desigualdad que representa el problema?

A. $20x > 1100$

B. $20x < 1100$

C. $20x \geq 1100$

D. $20x \leq 1100$

6. ¿Cuántos niños pueden asistir a la fiesta y mantenerse dentro de su presupuesto?

A. 55

B. 58

C. 60

D. 59

(Preguntas 7 y 8)

Los taxis cobran una tarifa fija de 1.95 dólares, además de 0.70 dólares por milla. Santiago no tiene más de 14 dólares para gastar en un viaje.

7. ¿Cuál es la desigualdad que representa el problema?

A. $1.95y + 0.70 \leq 14$

B. $1.95 + 0.70\, y \leq 14$

C. $1.95y + 0.70 \geq 14$

D. $1.95 + 0.70\, y < 14$

8. ¿Cuántas millas puede viajar Santiago sin exceder su presupuesto?

A. 18

B. 17

C. 20

D. 23

(Preguntas 9 y 10)

Francisco tiene $ 5000 para comprar laptops para su empresa. Las laptops que le gustaría comprar cuestan $ 258.95 cada una, incluyendo impuestos y envío.

9. ¿Cuál es la desigualdad que representa el problema?

    A. $5000x \leq 258.95$ C. $258.95\ x \leq 5000$

    B. $258.95\ x \geq 5000$ D. $258.95 < 5000$

10. ¿Cuál es el número máximo de laptops que Francisco puede comprar?

    A. 19   C. 32

    B. 20   D. 21

11. Escribe una desigualdad lineal para la siguiente situación. (Utiliza x para representar el valor desconocido).

No menos de $ 35 en la billetera.

(Preguntas 12 y 13)

Julia tiene un presupuesto para las vacaciones. Piensa alquilar un automóvil en una empresa que cobra 80 dólares por semana más 0.55 dólares por milla. Ella quiere mantenerse dentro de su presupuesto de 465 dólares.

12. Escribe una desigualdad lineal que represente el problema. (Usa m para representar el valor desconocido).

13. ¿Cuál es el número máximo de millas que ella puede viajar sin salirse de su presupuesto?

14. Escribe una desigualdad lineal para la siguiente situación. (Utiliza x para representar el valor desconocido).

José, que aún no ha cumplido los 32 años, es cuatro años mayor que Kelly.

(Preguntas 15 y 16)

Andrés tiene una empresa de construcción. Sus gastos mensuales son de $ 4500 y cobra $ 2000 por proyecto. Él quiere obtener una ganancia de al menos $ 11,500 al mes.

15. Escribe una desigualdad lineal para la situación descrita. (Utiliza x para representar el valor desconocido).

16. ¿Cuántos proyectos debe realizar Andrés para obtener una ganancia de al menos $ 11500 al mes?

RESPUESTAS

1) $7 - x \leq 20$

2) C

3) D

4) A

5) D

6) A

7) B

8) B

9) C

10) A

11) $x \geq 35$

12) $80 + 0.55\,m \leq 465$

13) 700 millas

14) $x + 4 < 32$

15) $2000x - 4500 \geq 11500$

16) 8 proyectos

REFLEXIÓN SOBRE EL APRENDIZAJE

Responde las siguientes preguntas de reflexión y siéntete libre de discutir tus respuestas con tu maestro o un compañero de clase.

1- ¿Qué idea, principio o estructura de matemáticas de GED aprendiste en este capítulo?

2- ¿Qué conceptos y terminología matemática aprendiste en este capítulo?

3- ¿Qué procedimientos o métodos trabajaste en esta sección?

4- ¿Qué aspecto de este apartado aún no te queda 100 % claro?

5- ¿Qué más quieres que sepa tu profesor?

CAPÍTULO 6:
COMPARACIÓN, REPRESENTACIÓN
Y EVALUACIÓN DE FUNCIONES

Conceptos y terminología matemática

Función	Una relación entre un conjunto de valores de entradas y un conjunto de posibles valores de salidas donde cada entrada está relacionada exactamente con una salida.
Dominio	El conjunto de valores de entradas de una función.
Rango	El conjunto de valores de salidas de una función.

Sección 1: Comparación de dos relaciones proporcionales diferentes representadas de diferentes maneras

Cuando dos valores mantienen la misma proporción y forman la misma fracción al dividirlos, tienen una relación proporcional.

Además, una relación proporcional se puede representar mediante una ecuación en forma de **y = mx**, donde m es una constante. La constante, m, se conoce como la constante de proporcionalidad, la tasa unitaria o la pendiente de la gráfica de y = mx.

Ejemplo 1: La siguiente tabla representa una relación proporcional.

x	y
2	7
4	14
6	21

Halla la ecuación que representa la relación proporcional.

Paso 1: Hallamos la pendiente (m) de la relación proporcional.

Paso 2: Seleccionamos dos puntos de la tabla. Por ejemplo, (2,7) y (14,4).

Paso 3: Calculamos la pendiente (m) usando la siguiente fórmula:

$$m = \frac{Variación\ en\ y}{Variación\ en\ x}$$

$$m = \frac{14 - 7}{4 - 2} = \frac{7}{2} = 3.5$$

Respuesta: La ecuación que representa la relación proporcional es **y = 3.5x.**

Ejemplo 2: El costo de una libra de manzanas es diferente en dos supermercados. Las representaciones a continuación muestran el costo (y) en función de la cantidad de libras de manzana (x) en los dos supermercados. ¿Cuál supermercado cobra más por libra?

Supermercado A: y = 1.45x

Supermercado B:

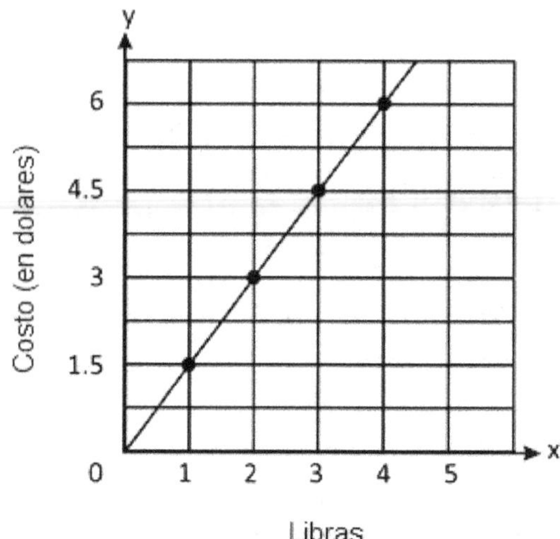

Paso 1: Para la ecuación dada, y = 1.45x, la pendiente es 1.45. Esta pendiente se puede interpretar como $ 1.45 por libra de manzana.

Paso 2: En la gráfica, calculamos la pendiente de la recta. Seleccionamos dos puntos de la gráfica. Por ejemplo, (2,3) y (1,1,5).

Paso 3: Calculamos la pendiente (m) usando la siguiente fórmula:

$$m = \frac{Variación\ en\ y}{Variación\ en\ x}$$

$$m = \frac{3 - 1.5}{2 - 1} = \frac{1.5}{1} = 1.5$$

Paso 4: Por lo tanto, la pendiente es 1.5. Esta pendiente se puede interpretar como $ 1.5 por libra de manzana.

Respuesta: Comparando ambas pendientes, el **supermercado A** cobra más por libra.

EJERCICIOS

Nota: El estudiante deberá identificar y comparar dos relaciones proporcionales diferentes representadas de diferentes maneras sin usar la calculadora.

(Preguntas 1 a la 5)

El siguiente gráfico muestra la distancia que recorrieron dos automóviles a lo largo de la autopista durante varias horas.

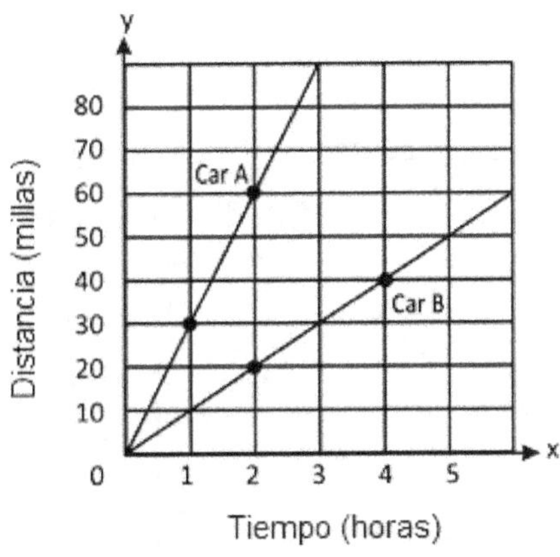

1. ¿Cuál es la pendiente de la recta representada por el automóvil A?

   A. 60   C. 20

   B. 45   D. 30

2. ¿Cuál ecuación es la mejor opción para describir la distancia recorrida por el automóvil A después de x segundos?

A. $y = 30x$

C. $y = 60x$

B. $y = 40x$

D. $y = 20x$

3. ¿Cuál es la pendiente de la recta representada por el automóvil B?

A. 30

C. 10

B. 20

D. 40

4. ¿Cuál ecuación es la mejor opción para describir la distancia recorrida por el automóvil B después de x segundos?

A. $y = 20x$

C. $y = 30x$

B. $y = 10x$

D. $y = 40x$

5. ¿Qué significa "la pendiente de la recta"?

A. La distancia recorrida por los automóviles.

C. La velocidad de los automóviles.

D. Ninguna de las anteriores

B. El tiempo del viaje.

(Preguntas 6 a la 8)

Juan y Yolanda venden piñas. Cobran diferentes tarifas por libra. Las relaciones proporcionales entre el peso y el costo se muestran en la tabla y el gráfico a continuación.

Piñas de Juan

Peso (libras)	Costo (dolares)
1	3.15
2	6.30
4	12.60
6	18.90

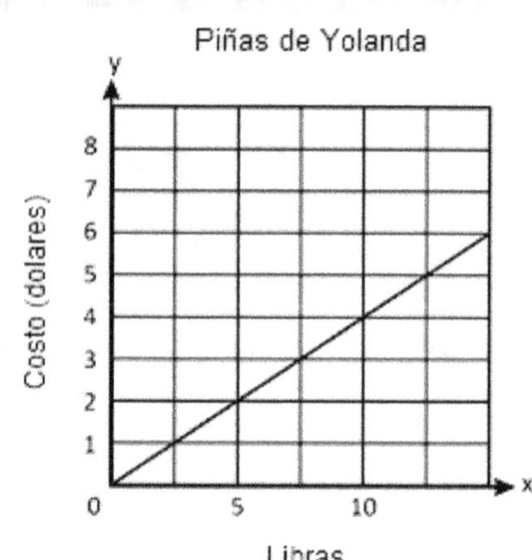

6. ¿Cuál es el costo por libra de las piñas de Juan?

   A. $ 6.30 por libra

   B. $ 3.15 por libra

   C. $ 2.07 por libra

   D. $ 12.60 por libra

7. ¿Cuál es el costo por libra de las piñas de Yolanda?

   A. $ 5 por libra

   B. $ 3.50 por libra

   C. $ 3 por libra

   D. $ 2.50 por libra

8. ¿Qué vendedor cobra más por libra?

(Preguntas 9 a la 12)

El siguiente gráfico muestra la distancia que corre Gustavo en función del tiempo que corre.

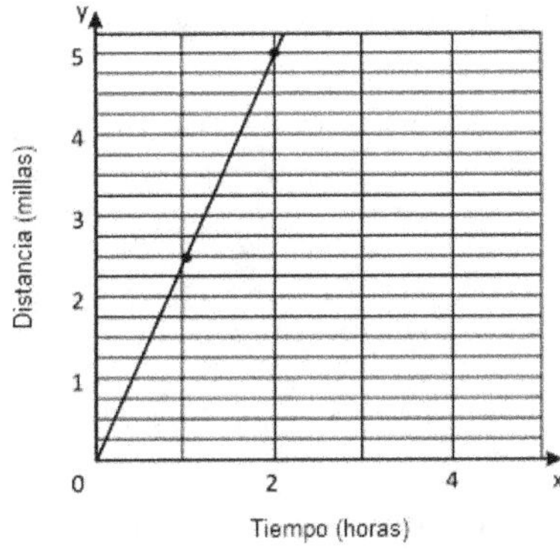

9. ¿Cuál es el número de millas que recorre Gustavo por hora?

10. ¿Cuál ecuación representa la carrera de Gustavo?

   A. $y = 2x$

   B. $y = 3x$

   C. $y = 3.5x$

   D. $y = 2.5x$

11. ¿Cuál ecuación representa a alguien corriendo más rápido que Gustavo?

   A. $y = 3.2x$

   B. $y = 2.1x$

   C. $y = 0.9x$

   D. $y = 1.7x$

12. ¿Cuál ecuación representa a alguien corriendo más lento que Gustavo?

   A. $y = 5x$

   B. $y = 3.3x$

   C. $y = 1.9x$

   D. $y = 9x$

(Preguntas 13 a 16)

La siguiente gráfica representa una relación proporcional.

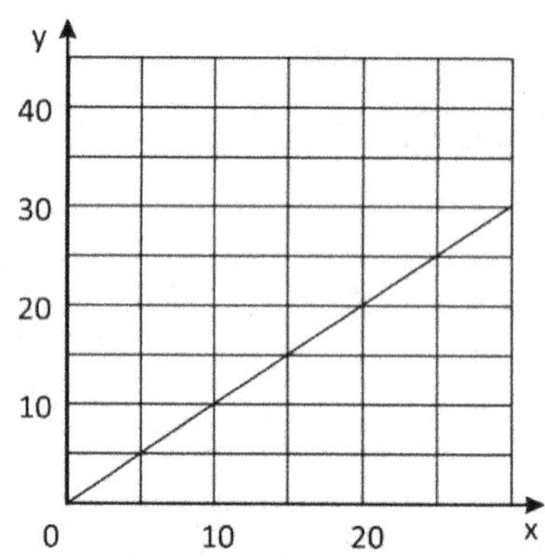

13. Halla la pendiente de la recta.

14. Halla la ecuación que representa la relación proporcional.

15. ¿Cuál ecuación representa una línea con una pendiente mayor que la pendiente de la línea representada por la gráfica?

A. $y = 0.8x$

B. $y = 2x$

C. $y = 0.55x$

D. $y = 0.1x$

16. ¿Cuál ecuación representa una línea con una pendiente menor que la pendiente de la línea representada por la gráfica?

A. $y = 0.96x$

B. $y = 1.43x$

C. $y = 2.94x$

D. $y = 1.99x$

RESPUESTAS

1) D	7) D	13) 1
2) A	8) Juan	14) $y = x$
3) C	9) 2.5 millas por hora	15) B
4) B	10) D	16) A
5) C	11) A	
6) B	12) C	

Sección 2: Representar o identificar una función en una tabla o gráfico como si tuviera exactamente una salida para cada entrada

Una función es una relación en la que cada entrada tiene exactamente una salida. Los valores de entrada forman el dominio y los valores de salida forman el rango.

Podemos utilizar tablas para representar funciones enumerando los valores de entrada en una columna y los valores de salida correspondientes en otra. Para determinar si una tabla representa una función, utilizamos la definición de función. Ninguna entrada puede tener más de una salida.

La prueba de la línea vertical es un método que se utiliza para determinar si una relación dada es una función o no. Si una línea vertical intersecta a la gráfica de una función en exactamente un punto, entonces la relación es una función.

Si la línea vertical toca más de un punto, entonces no es una función.

Ejemplo 1: ¿La siguiente tabla representa una función?

x	y
3	15
9	8
0	4
3	5

Paso 1: Por definición, cada entrada (valor de x) en una función tiene solo una salida (valor de y).

Paso 2: La entrada 3 tiene dos salidas: 15 y 5. Por lo tanto, la tabla **no** representa una función.

Nota: El dominio es el conjunto de entradas o coordenadas x. El rango es el conjunto de salidas o coordenadas y.

Ejemplo 2: ¿La siguiente gráfica representa una función?

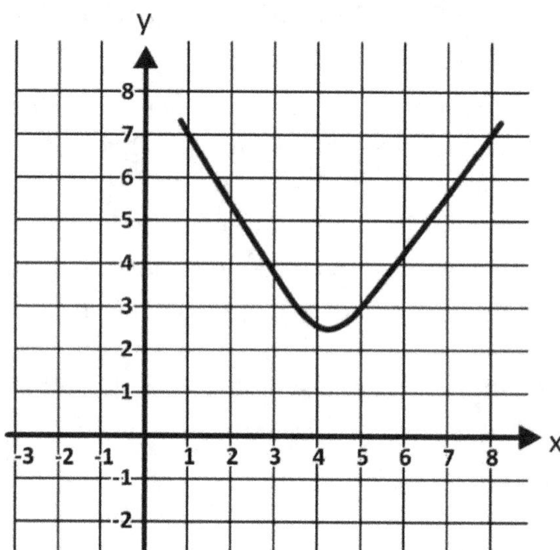

Paso 1: Podemos utilizar la prueba de la línea vertical. Dibuja varias líneas verticales sobre el gráfico.

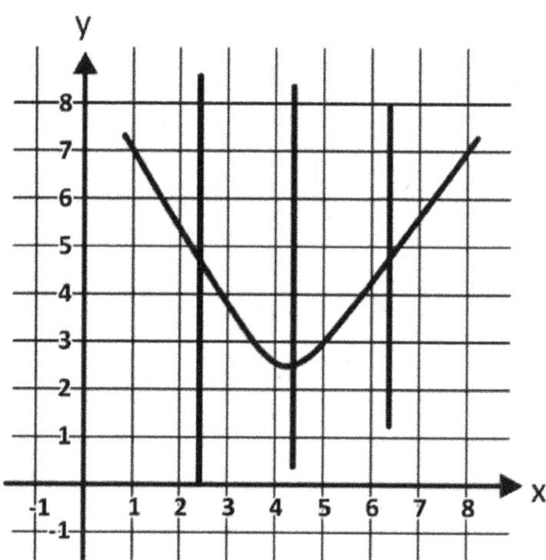

Paso 2: Observa que ninguna línea vertical intersecta el gráfico más de una vez. Por lo tanto, el gráfico representa una función.

CONCEPTOS Y TERMINOLOGÍA MATEMÁTICA

Función	Una relación en la que cada entrada tiene exactamente una salida.
Dominio	El conjunto de posibles valores de entrada de una función.
Rango	El conjunto de posibles valores de salida de una función.

EJERCICIOS

Nota: El estudiante debe identificar funciones representadas en tablas o gráficos sin utilizar la calculadora.

(Preguntas 1 a la 4)

La siguiente tabla representa una relación.

x	y
− 6	7
1	0
4	2.3
3	1.6

1. Escribe las entradas de la relación.

2. Escribe las salidas de la relación.

3. ¿La tabla representa una función?

4. Si la relación es una función, ¿cuál es el dominio de la función?

(Preguntas 5 a la 7)

La siguiente tabla representa una función.

x	y
− 2	− 14
0	0
1	7
3	21

5. ¿Cuál es el dominio de la función?

6. ¿Cuál es el rango de la función?

7. ¿Cuál ecuación representa la función?

A. $y = 3.5x$ C. $y = 6x$

B. $y = 7x$ D. $y = -7x$

8. ¿La siguiente gráfica representa una función?

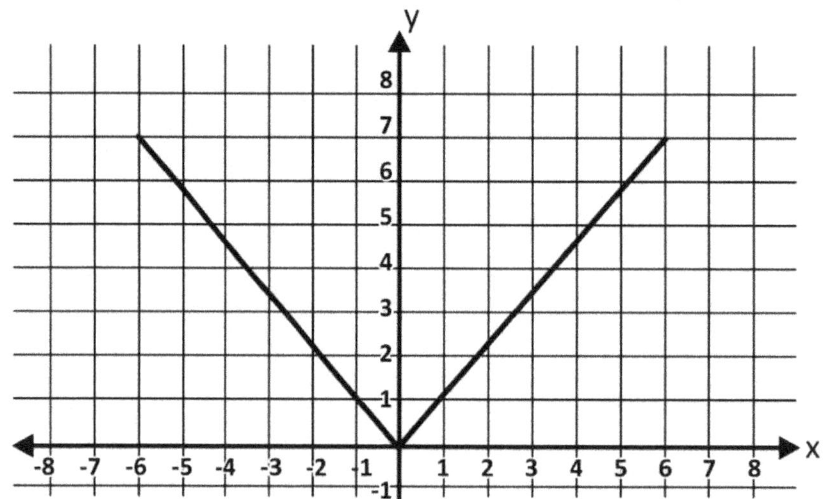

9. ¿La siguiente gráfica representa una función?

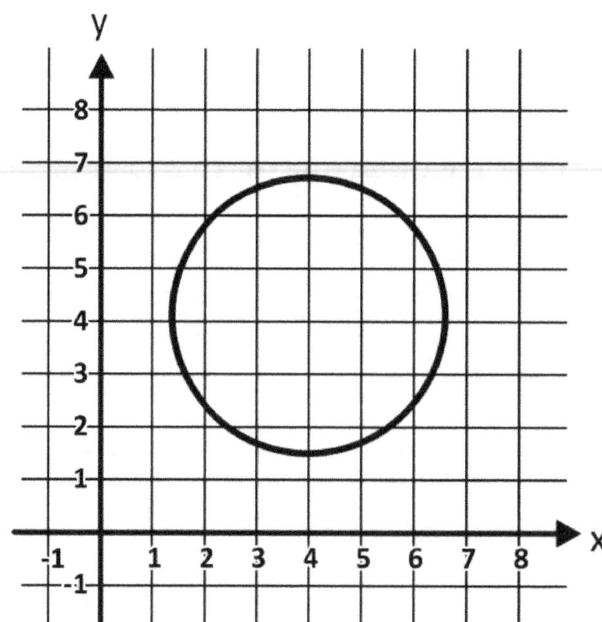

10. ¿La siguiente gráfica representa una función?

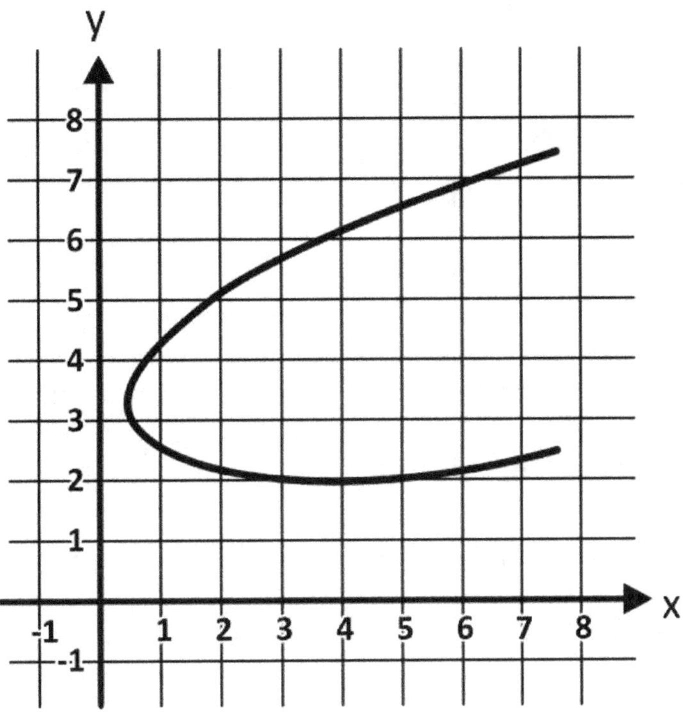

11. ¿Cuál de las siguientes afirmaciones es verdadera?

    A. Para ser una función, una línea vertical debe tocar una gráfica dos veces.

    B. El rango de una función es el conjunto de valores de entrada.

    C. La prueba de la línea vertical se utiliza para determinar si un gráfico es una función.

    D. El conjunto de valores de salida de una función se llama dominio.

12. ¿La siguiente tabla representa una función?

x	y
10	4
0,5	2
0	1
1/2	11

(Preguntas 13 a la 16)

La siguiente tabla representa una relación.

Año	Costo ($)
2011	568.90
2013	991.56
2015	263.25
2017	829.38

13. Escribe las entradas de la relación.

14. Escribe las salidas de la relación.

15. ¿La tabla representa una función?

16. Si la relación es una función, ¿cuál es el rango de la función?

RESPUESTAS

1) –6, 1, 4, 3

2) 7, 0, 2.3, 1.6

3) La tabla representa una función.

4) {–6, 1, 4, 3}

5) {–2, 0, 1, 3}

6) {–14, 0, 7, 21}

7) B

8) La gráfica representa una función.

9) La gráfica no representa una función.

10) La gráfica no representa una función.

11) C

12) La tabla no representa una función.

13) 2011, 2013, 2015, 2017

14) 568.90, 991.56, 263.25, 829.38

15) La tabla representa una función.

16) {568.90, 991.56, 263.25, 829.38}

Sección 3: Evaluación de funciones lineales y cuadráticas para valores en sus dominios cuando se representan utilizando notación de funciones

Las funciones lineales son ecuaciones algebraicas cuyos gráficos son líneas rectas. En otras palabras, una función lineal es una ecuación algebraica en la que cada término es una constante o el producto de una constante por una variable de entrada. Una función cuadrática es una función polinómica en la que la potencia más alta de la variable es dos (2).

La notación de función más utilizada es f(x). En este caso, la letra x, que se coloca dentro del paréntesis, y el símbolo f(x) completo, representan el dominio y el rango respectivamente.

$$\text{Función lineal} \implies f(x) = 2x + 3$$

$$\text{Función cuadrática} \implies f(x) = 4x^2 - 6x + 1$$

Para evaluar funciones lineales y cuadráticas, sustituimos los valores de entrada (dominio) en la notación de función dada.

Ejemplo 1: Evalúa la función f(x) = 8x − 4 en x = 5.

Paso 1: Tenemos una ecuación lineal. Sustituimos x por 5 en la función f(x).

$$f(5) = 8(5) - 4$$

Paso 2: Realizamos las operaciones.

$$f(5) = 8(5) - 4$$

$$f(5) = 40 - 4 = \mathbf{36}$$

Ejemplo 2: Evalúa la función f(x) = 5x² − 4x +2 cuando x = − 3.

Paso 1: Tenemos una ecuación cuadrática. Sustituimos x por − 3 en la función f(x).

$$f(-3) = 5(-3)^2 - 4(-3) + 2$$

Paso 2: Realizamos las operaciones.

$$f(-3) = 5(-3)^2 - 4(-3) + 2$$

$$f(-3) = 5(9) + 12 + 2$$

$$f(-3) = 45 + 12 + 2 = \mathbf{59}$$

EJERCICIOS

Nota: El estudiante debe evaluar funciones lineales y cuadráticas para valores específicos sin utilizar una calculadora.

1. ¿Cuál de las siguientes es una función lineal?

    A. $f(x) = 9x^2$

    B. $f(y) = x^3 - 5$

    C. $f(x) = 2x + 7$

    D. $f(x) = 8x^5$

2. Evalúa la función $f(x) = 10x - 10$ en $x = 10$.

3. Evalúa la función $f(x) = 5x^2 + 4x$ cuando $x = 3$.

4. ¿Cuál es el valor de $f(-1)$, si $f(x) = 3x^2 - x - 1$?

    A. 1

    B. 2

    C. -9

    D. -1

5. ¿Cuál es el valor de $f(0)$ si $f(x) = 9x + 13$?

    A. 13

    B. 9

    C. 22

    D. 0

6. Evalúa la función $f(x) = 100x^2$ en $x = 1$.

7. Evalúa la función $f(x) = 0.8x - 5$ en $x = 2$.

8. ¿Cuál es el valor de $f(-0.1)$ si $f(x) = 5x^2 - 4x + 6$?

9. Evalúa $f(x) = \frac{2}{5}x - 8$ en $x = 15$.

10. Si $f(x) = 4x^2 + 1$, halla $f\left(\frac{1}{2}\right)$

(Preguntas 11 a la 16)

Las funciones f y g se definen de la siguiente manera.

$$f(x) = 5 - 2x \qquad g(x) = 3x^2 + 4x + 3$$

11. Halla $f(5)$.

12. Halla g(–2).

13. Halla f(5) + g(–2).

14. Halla f(5) – g(–2).

15. Halla f(0.6).

16. Halla g(–1,6)

RESPUESTAS

1) C	7) – 3.4	13) 2
2) 90	8) 6.45	14) –2
3) 57	9) – 2	15) 3.8
4) D	10) 2	16) 4.28
5) A	11) – 5	
6) 100	12) 7	

Sección 4: Comparación de propiedades de dos funciones lineales o cuadráticas, cada una representada de forma diferente

Ejemplo 1: Dos funciones lineales se representan de diferentes maneras.

Función 1→ $f(x) = 4.3x$

Función 2

x	y
0	0
2	7.6
4	15.2
6	22.8

Determina qué función tiene la mayor tasa de cambio.

Paso 1: Si la tasa de cambio es constante y lineal, la tasa de cambio es la pendiente de la función lineal.

Paso 2: La pendiente de la función 1 es 4.3.

Paso 3: Hallamos la pendiente de la Función 2 representada por la tabla.

Paso 4: Seleccionamos dos puntos de la tabla. Por ejemplo: (2, 7.6) y (4, 15.2).

Paso 5: Encontramos la pendiente (m) usando la siguiente fórmula:

$$m = \frac{Variación\ en\ y}{Variación\ en\ x}$$

$$m = \frac{15.2 - 7.6}{4 - 2} = \frac{7.6}{2} = 3.8$$

Paso 6: Comparando ambas pendientes, la Función 1 tiene la mayor tasa de cambio. En otras palabras, la Función 1 **crece más rápido** que la Función 2.

EJERCICIOS

Nota: El estudiante debe identificar y comparar propiedades de funciones lineales o cuadráticas representadas de diferentes formas sin usar la calculadora.

(Preguntas 1 a la 3)

Dos funciones lineales se representan de diferentes maneras.

Función 1→ $f(x) = 6x + 1$

Función 2

x	y
1	5
3	15
5	25
7	35

1. Halla la tasa de cambio de la función 1.

2. Halla la tasa de cambio de la función 2.

3. Determina qué función tiene la mayor tasa de cambio.

(Preguntas 4 a la 7)

El pago de Rosa (en dólares) está representado por la función $f(x) = 18.5x$, donde x son sus horas de trabajo por día. El pago de Mónica está representado en la siguiente tabla.

Horas trabajadas	Pago total ($)
2	42
4	84
6	126
8	168

4. ¿Cuál es el pago diario de Rosa?

5. ¿Cuál es el pago diario de Mónica?

6. ¿Quién gana más por día?

7. ¿Cuánto dinero gana Rosa por ocho horas de trabajo?

(Preguntas 8 a la 11)

Las alturas de dos árboles se muestran en la tabla y gráfico a continuación.

Árbol A

Meses	Altura (pulgadas)
2	4.2
4	8.4
6	12.6
8	16.8

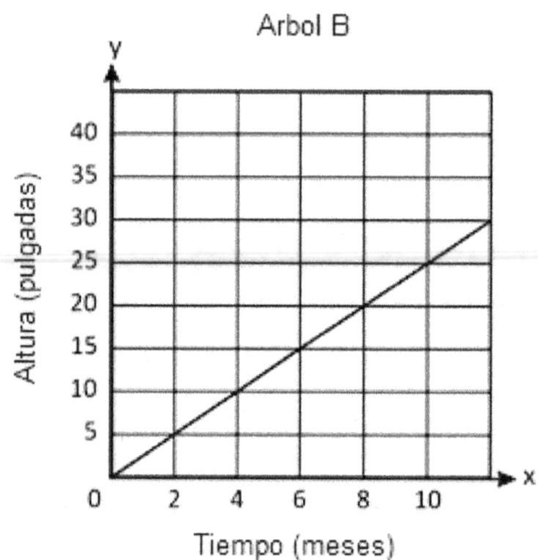

8. ¿Qué función representa la gráfica del árbol B?

    A. h(x) = 5x   C. h(x) = 3x

    B. h(x) = 3.5x   D. h(x) = 2.5x

9. ¿Cuál es la tasa de crecimiento en pulgadas por mes del árbol A?

10. ¿Cuál es la tasa de crecimiento en pulgadas por mes del árbol B?

11. ¿Cuál árbol crece más rápido?

(Preguntas 12 a la 16)

Dos funciones cuadráticas se representan de diferentes maneras.

$$\textbf{Función 1} \rightarrow f(x) = \frac{1}{2}x^2$$

Función 2

x	y
3	9
5	25
7	49
9	81

12. ¿Cuál ecuación representa la Función 2?

A. $y = 3x^2$

B. $y = x^2$

C. $y = 0.5x^2$

D. $y = 2x^2$

13. ¿Cuál función tiene el valor máximo cuando x = 5?

14. ¿Cuál función tiene el valor mínimo cuando x = 9?

15. ¿Cuál función tiene el valor mínimo cuando x = 0.8?

16. ¿Cuál función tiene el valor máximo cuando x = –2?

RESPUESTAS

1) 6

2) 5

3) Función 2

4) $ 18.5 por día

5) $ 21 por día

6) Mónica

7) $ 148

8) D

9) 2,1 pulgadas por mes

10) 2,5 pulgadas por mes

11) Árbol B

12) B

13) Función 2

14) Función 1

15) Función 1

16) Función 2

REFLEXIÓN SOBRE EL APRENDIZAJE

Responde las siguientes preguntas de reflexión y siéntete libre de discutir tus respuestas con tu maestro o un compañero de clase.

1- ¿Qué idea, principio o estructura de matemáticas de GED aprendiste en este capítulo?

2- ¿Qué conceptos y terminología matemática aprendiste en este capítulo?

3- ¿Qué procedimientos o métodos trabajaste en esta sección?

4- ¿Qué aspecto de este apartado aún no te queda 100 % claro?

5- ¿Qué más quieres que sepa tu profesor?

CAPÍTULO 7:
EXÁMEN DE PRÁCTICA

Realiza el siguiente examen de práctica para evaluar tus conocimientos y habilidades de matemáticas del GED. Intenta responder las 46 preguntas en 75 minutos.

1. ¿Cuál de los siguientes números es el mayor?

$$1.050, 9/8, 1.051, 13/12$$

   A. 1.051

   B. 13/12

   C. 1.050

   D. 9/8

2. ¿Qué lista representa los números en orden de mayor a menor?

   A. 1/40, 1/20, 1/10, 0.6

   B. 3.33, 2.22, 11/3, 1/7

   C. 20/3, 2.133, 2.119, 15/8

   D. 6.93, 50/6, 1/3, 1/6

3. A partir de las 8:00 am, un autobús pasa por un hotel cada 8 minutos. Además, a partir de las 8:00 am, pasa un taxi cada 20 minutos. ¿Cuándo será la próxima vez que un autobús y un taxi pasen por el hotel al mismo tiempo?

   A. 9:00 am

   B. 8:40 am

   C. 8:30 am

   D. 9:15 am

4. ¿Cuál de las siguientes afirmaciones es verdadera?

   A. $59(23 + 45) = 1219 + 2555$

   B. $9(A+B+C) = 9A+9B+9C$

   C. $0.5(1 + 0.1) = 0.5 + 0.51$

   D. $4A(2 + 8) = 8A + 12A$

5. ¿Qué expresión es equivalente a $(256)^{3/4})^{1/6}$?

   A. 16

   B. 8

   C. 4

   D. 2

6. Si la temperatura baja de 12 °F a 23 °F, ¿cuánto disminuyó la temperatura?

    A. -23 °F

    B. -35 °F

    C. 35 °F

    D. 11 °F

7. Evalúa $\big||-25-35|-|-44-46|\big|$

    A. 150

    B. -35

    C. 20

    D. 30

8. El objetivo de Ricardo es correr 12 millas en 3/4 de hora. ¿Aproximadamente cuántas millas por minuto sería eso?

    A. 0.26 millas por minuto

    B. 16 millas por minuto

    C. 6 millas por minuto

    D. 0.94 millas por minuto

9. Los siguientes rectángulos son semejantes. Hallar el lado que falta.

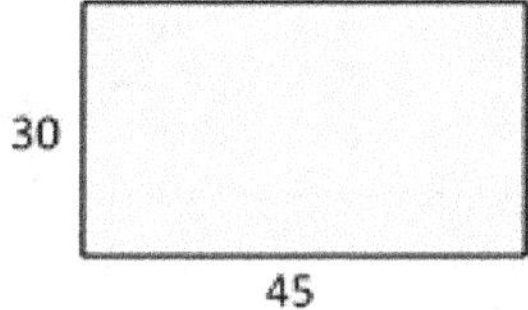

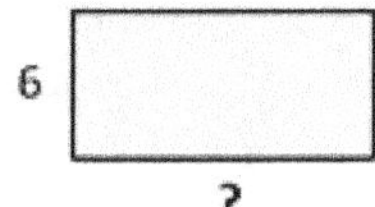

10. En un mapa, 3 pulgadas equivalen a 15 millas de distancia real. Si dos ciudades están separadas por 800 millas, ¿cuál es su distancia en el mapa?

    A. 100 pulgadas

    B. 80 pulgadas

    C. 250 pulgadas

    D. 480 pulgadas

11. Había 600 entradas para un concierto. Se vendieron el 85 % de las entradas. El 70 % de las entradas vendidas eran entradas de adultos y el resto eran entradas de niños. ¿Cuántas entradas de niños se vendieron?

12. En un examen de 60 preguntas, un estudiante consiguió 40 respuestas correctas. ¿Qué porcentaje de los problemas resolvió correctamente el estudiante? (Redondea tu respuesta a la décima más cercana).

13. El área de un rectángulo es 345.06 pies cuadrados. Si el ancho del rectángulo es 16.2 pies, calcula su longitud.

14. El área de un triángulo rectángulo cuya altura mide 8.5 pulgadas es 43.35 pulgadas cuadradas. ¿Cuál es la base del triángulo?

15. La circunferencia de un círculo mide 1000 pulgadas. ¿Cuál es el diámetro del círculo?

A. 153.23 pulgadas.

C. 636.22 pulgadas.

B. 318.47 pulgadas.

D. 500 pulgadas

16. El área de un círculo es 24.62 pies cuadrados. ¿Cuál es la circunferencia del círculo?

A. 17.58 pies.

C. 12.31 pies.

B. 35.17 pies.

D. 15.88 pies.

(Preguntas 17 a la 19)

La siguiente figura es un polígono.

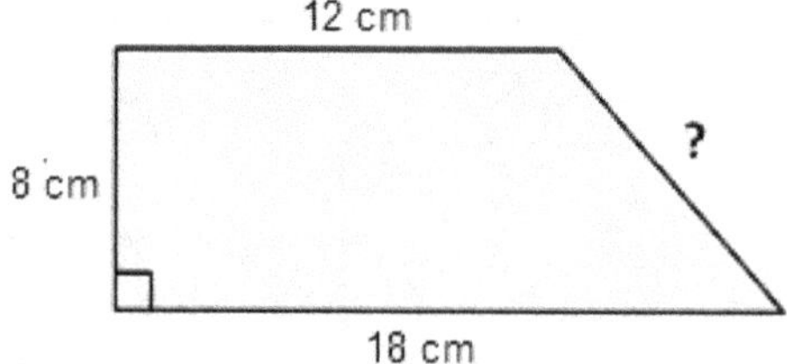

17. Hallar la longitud del lado que falta.

18. Hallar el perímetro del polígono.

19. Hallar el área del polígono.

(Preguntas 20 y 21)

A continuación, se muestra una figura geométrica compuesta.

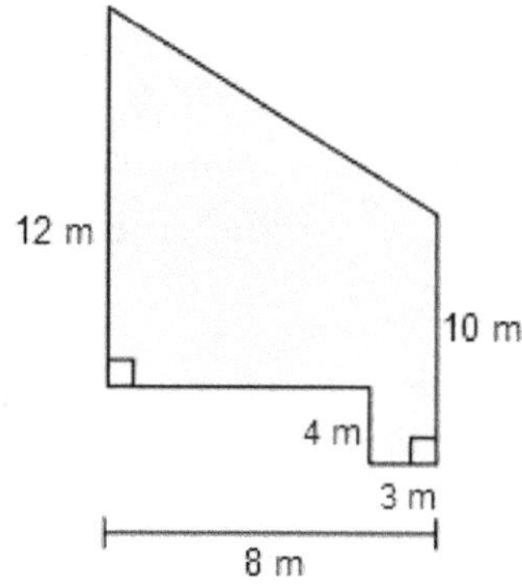

20. Hallar el perímetro de la figura.

21. Hallar el área de la figura.

22. Dos catetos de un rectángulo miden 9 y 40 pulgadas. ¿Cuál es la longitud de la hipotenusa?

23. Halla la longitud del lado que falta.

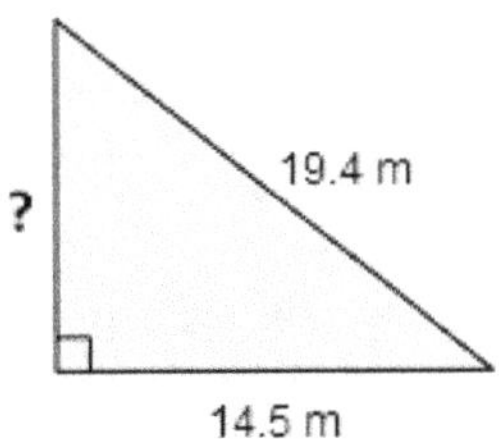

24. La longitud y el ancho de un prisma rectangular son 10 y 11 pulgadas, respectivamente. Halla su altura si su volumen total es de 2090 pulgadas cúbicas.

25. Un prisma rectangular tiene un ancho de 3.5 cm, una longitud de 12 cm y una altura seis veces mayor que el ancho. ¿Cuál es la superficie del prisma?

26. El diámetro de la base de un cilindro es de 9 m y la altura es de 8 m. ¿Cuál es el volumen del cilindro? (Usa $\pi = 3{,}14$)

27. El área de la base de un prisma triangular rectangular es de 6 cm^2. El perímetro del triángulo rectángulo es de 12 cm y la altura del prisma es de 15 cm. Hallar la superficie del prisma.

28. La superficie de un cubo es de 552.96 cm^2. ¿Cuál es la longitud de cada lado del cubo?

29. Si la altura de un cono es de 23 cm y su volumen es de 1540.7 cm^3, ¿cuál es el radio de su base? (Redondea tu respuesta al número entero más cercano).

30. La superficie de una esfera es 2461.76 yardas cuadradas. Hallar el radio de la esfera.

31. La siguiente figura es una figura geométrica tridimensional compuesta. Halla el volumen de la figura. (Redondea tu respuesta al número entero más cercano).

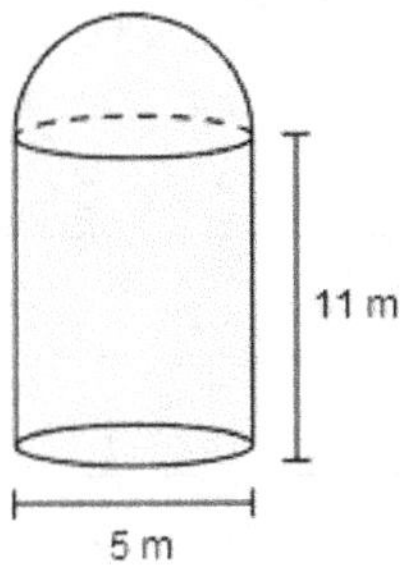

32. Resuelve la desigualdad $6x + 2 \geq 17 - 9x$.

33. ¿Cuál desigualdad representa la siguiente recta numérica?

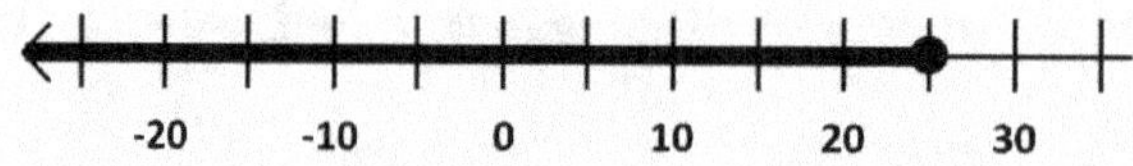

A. $x < 25$

C. $x \leq 25$

B. $x > 25$

D. $x \geq 25$

34. Escribe una desigualdad lineal para la siguiente situación. (Utiliza x para representar el valor desconocido).

No tengo más de $ 857.95 en mi cuenta de ahorros.

35. Resuelve la desigualdad: $0.05x + 100 \geq 50$.

(Preguntas 36 a la 38)

La siguiente tabla representa una relación proporcional.

x	y
3	18.9
5	31.5
6	37.8

36. Escribe la ecuación que representa la relación proporcional.

37. ¿Cuál es el valor de y cuando $x = 8$?

38. ¿Cuál es el valor de y cuando $x = 0.6$?

39. ¿La siguiente tabla representa una función?

x	y
0.5	0.125
1	1
1.5	3.375
-1	-1

40. ¿La siguiente gráfica representa una función?

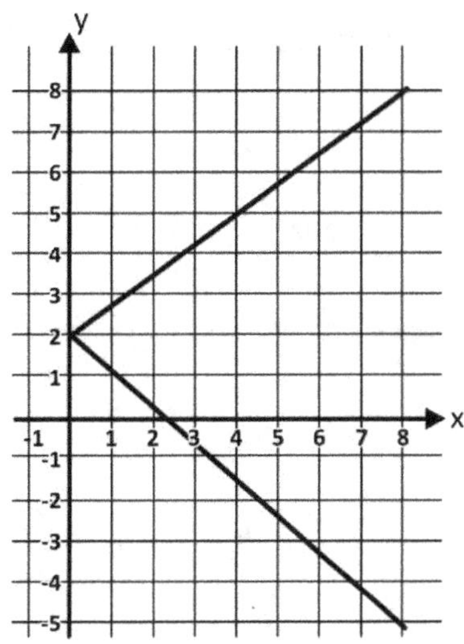

41. Evalúa la función $f(x) = 6x + 5$ si $x = -3.3$.

42. ¿Cuál es el valor de $f(10)$ si $f(x) = 10x^2 - 100$?

(Preguntas 43 a la 45)

Dos funciones lineales se representan de diferentes maneras.

Function 1

x	y
- 2	-2.56
- 3.5	-4.48
- 7.5	-9.60
- 0.5	-0.64

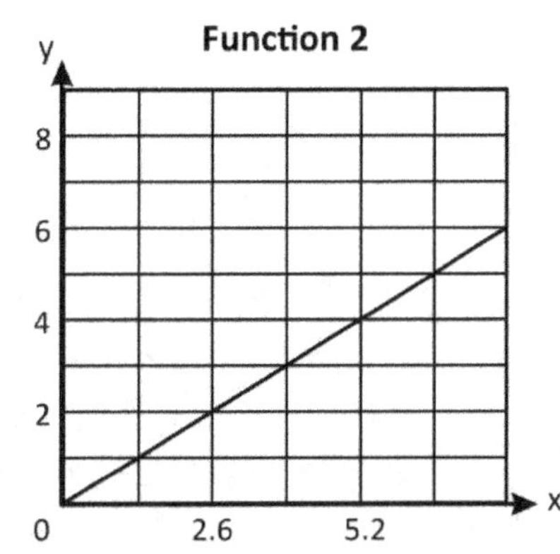

43. ¿Cuál ecuación representa la Función 1?

    A. $y = 1{,}28x$ C. $y = 2{,}56x$

    B. $y = -1{,}28x$ D. $y = -2{,}56x$

44. ¿Cuál ecuación representa la Función 2?

    A. $y = 2.6x$ C. $y = -2.6x$

    B. $y = 5.2x$ D. $y = 1.3x$

45. ¿Cuál función crece más rápido?

46. Las funciones f y g se definen de la siguiente manera:

$$f(x) = -8x + 3 \qquad g(x) = x^2 - 2x - 2$$

Halla f(1) + g(1).

RESPUESTAS DEL EXAMEN DE PRÁCTICA

1) D	17) 10 cm.	33) C
2) C	18) 48 cm.	34) $x \leq 857.95$
3) B	19) 120 cm^2	35) $x \geq -1000$
4) B	20) 44 m	36) $y = 6.3x$
5) D	21) 84 m^2	37) 50.4
6) C	22) 41 pies	38) 3.78
7) D	23) 12.5 m	39) La tabla representa una función.
8) A.	24) 19 pulg.	
9) 9	25) 735 cm^3	40) La gráfica no representa una función.
10) D	26) 113.04 m^3	
11) 153 boletos	27) 192 cm^2	41) −14.8
12) 66.7 %	28) 9.6 cm.	42) 900 4
13) 21,3 pies	29) 8 cm.	43) A
14) 10.2 pulgadas	30) 7 yd.	44) D
15) B	31) 249 m^3	45) Función 2
16) A	32) $x \geq 1$	46) −8

REFLEXIÓN SOBRE EL APRENDIZAJE

Responde las siguientes preguntas de reflexión y siéntete libre de discutir tus respuestas con tu maestro o un compañero de clase.

1- ¿Qué idea, principio o estructura de matemáticas de GED practicaste en este capítulo?

2- ¿Qué aprendiste al tomar el examen de práctica?

3- ¿Qué estrategias o métodos utilizaste para responder las preguntas del examen de práctica?

4- ¿Qué aspectos de los exámenes de matemáticas todavía suponen un desafío para ti?

5- ¿Qué estrategias, procedimientos o conceptos debes seguir revisando?

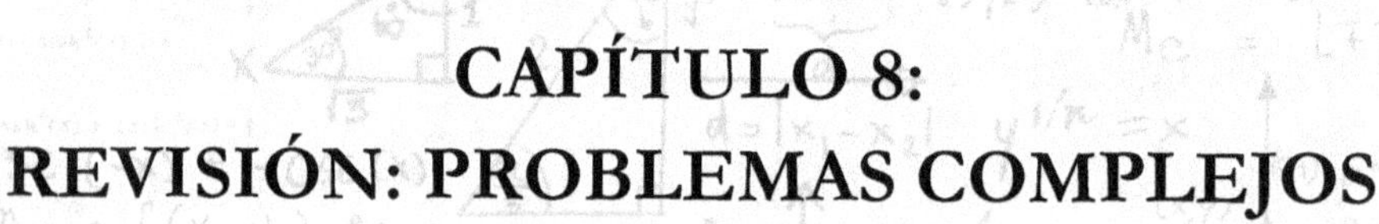

CAPÍTULO 8:
REVISIÓN: PROBLEMAS COMPLEJOS

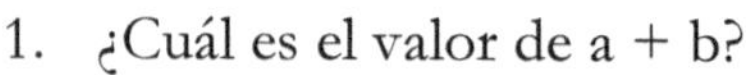

1. ¿Cuál es el valor de a + b?

$$\left(\frac{10^3 \cdot 10^{18} \cdot 10^{-9}}{10^5 \cdot 10^{-3}}\right)^{\frac{3}{5}} = 2^a \cdot 5^b$$

2. Javier ahorra el 20 % de su salario para la jubilación. Este año, su salario fue \$ 1450 más que el año anterior y ahorró \$ 11490. ¿Cuál fue su salario el año anterior?

3. Brenda condujo hasta su nuevo trabajo y luego regresó a casa. En este viaje de ida y vuelta, recorrió 145 millas. Cuando conduce su automóvil, recorre 28 millas con cada galón de gasolina. Si Brenda necesita hacer 36 viajes de ida y vuelta y el precio de la gasolina se mantiene en \$ 3.18 por galón, ¿cuánto le costará en gasolina? (Redondea tu respuesta al centavo más cercano).

4. En el rectángulo ABCD están inscritos tres círculos iguales. Si el área de cada círculo es 153.86 centímetros cuadrados, ¿cuál es el área del rectángulo ABCD?   (Utiliza $\pi = 3{,}14$)

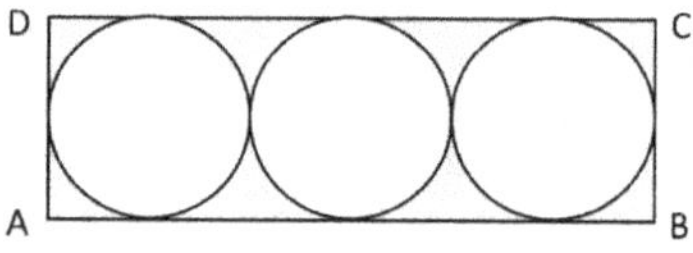

5. Dos catetos de un triángulo rectángulo miden 8 y 15 pulgadas. ¿Cuál es la medida del lado más largo de un triángulo semejante cuyo lado más corto mide 66.4 pulgadas?

6. Un círculo tiene una circunferencia de 56.52 pies y se utiliza como base de un cilindro. El cilindro tiene una superficie de 1470.33 pies cuadrados. ¿Cuál es el volumen del cilindro? (Usa $\pi = 3{,}14$)

7. Una fábrica envasa galletas en cajas. Antes de sellar cada caja, una máquina las pesa para asegurarse de que no pese menos de 8.5 onzas ni más de 8.9 onzas. Si la caja contiene x onzas de galletas, ¿qué desigualdad representa los valores permitidos de x?

    A. $|x + 8.7| < 0.2$ C. $|x - 8.7| \leq 0.2$

    B. $|x + 8.7| > 0.2$ D. $|x - 8.7| \geq 0.2$

8. Jesús tiene un envase que es un prisma rectangular. El envase mide 3 cm. por 5 cm. por 8 cm. Jesús llenó completamente el envase con agua y luego bebió el 60 % del volumen de agua de su envase. ¿Cuántos centímetros cúbicos de agua quedaron en el envase?

9. Karina trabaja en una empresa de software. La siguiente tabla muestra cuánto dinero ganó cada día en la semana pasada.

Tiempo trabajado	2.5 horas	4.5 horas	7 horas
Dinero ganado	$ 49	$ 88.20	$ 137.20

Victoria tiene un trabajo como profesora en una universidad que paga según la siguiente ecuación:

$$y = 3.1 + \frac{58}{3}x$$

(x representa las horas trabajadas, y representa la cantidad de dinero ganado en dólares.)

¿Quién ganará más dinero después de trabajar 9 horas?

10. Las funciones f y g se definen de la siguiente manera:

$$f(x) = \frac{1}{4}(x + 6) + 8, \quad g(x) = 8x^2 - 3x + 4$$

Si f(k) = 10, ¿cuál es el valor de g(k)?

RESPUESTAS

1) 12	5) 141.1 pulgadas	9) Victoria
2) $ 56,000	6) 4323.78 pies cúbicos	10) 30
3) $ 592.84	7) C	
4) 588 cm^2	8) 48 cm^3	

REFLEXIÓN SOBRE EL APRENDIZAJE

Responde las siguientes preguntas de reflexión y siéntete libre de discutir tus respuestas con tu maestro o un compañero de clase.

1- ¿Qué idea, principio o estructura de matemáticas de GED practicaste en este capítulo?

2- ¿Qué aprendiste al resolver estos problemas escritos?

3- ¿Qué estrategias o métodos utilizaste para resolver la mayoría de los problemas?

4- ¿Qué aspectos de la resolución de problemas escritos todavía suponen un desafío para ti?

5- ¿Qué estrategias, procedimientos o conceptos debes seguir revisando?

MORE TEXTBOOKS BY CBL

ADULT ED
MATH
NUMBER SYSTEM, NUMBER SENSE, AND OPERATIONS PREPARING
FOR
CASAS, TABE 11 & 12, HISET, AND GED TESTING
BY COACHING FOR BETTER LEARNING

ADULT ED
MATH
GEOMETRY PREPARING
FOR
CASAS, TABE 11 & 12, HISET, AND GED TESTING
BY COACHING FOR BETTER LEARNING

CBL COACHING
Math
Practice Worksheets and Workbook for Adult Students

SKILLS FOR SUCCESS
IN CAREER AND TECHNICAL EDUCATION (CTE)
STUDENT GUIDE
A SYSTEMATIC WAY TO MASTER ORGANIZATIONAL AND SOFT SKILLS
CBL COACHING

HOW TO ACHIEVE
BETTER STUDENT RETENTION IN ADULT EDUCATION
TEDDY EDOUARD

TABE 11 & 12
CONSUMABLE STUDENT READING MANUAL
FOR LEVEL E
By Coaching for Better Learning, LLC

TABE 11 & 12
CONSUMABLE STUDENT READING MANUAL
FOR LEVEL M
By Coaching for Better Learning, LLC

TABE 11 & 12
CONSUMABLE STUDENT READING MANUAL
FOR LEVEL D
By Coaching for Better Learning, LLC

TABE 11 & 12
STUDENT LANGUAGE MANUAL
FOR LEVEL E
By Coaching for Better Learning, LLC

TABE 11 & 12
STUDENT LANGUAGE MANUAL
FOR LEVEL M
By Coaching for Better Learning, LLC

TABE 11 & 12
Consumable Student Math Workbook
FOR LEVEL E
By Coaching for Better Learning, LLC

TABE 11 & 12
Consumable Student Math Workbook
FOR LEVEL M
By Coaching for Better Learning, LLC

TABE 11 & 12
Consumable Student Math Workbook
FOR LEVEL D
By Coaching for Better Learning, LLC

PRACTICE TESTS FOR
CASAS MATH GOAL 2
Level A—Forms 921M and 922M
CBL COACHING

CBL COACHING
Workbook
Number and Letter Tracing for Adult Students

READING NOTEBOOK & JOURNAL
For Adult Students
By Coaching For Better Learning
CBL COACHING

MATH NOTEBOOK & JOURNAL
For Adult Students
By Coaching For Better Learning
CBL COACHING

BOOK 1
PHONICS AND LIFE SKILLS READING
FOR
Adult Literacy, ABE, and ESL Students
Turning Learners Into Proficient Readers
CBL COACHING

BOOK 2
PHONICS AND LIFE SKILLS READING
FOR
Adult Literacy, ABE, and ESL Students
Turning Learners Into Proficient Readers
CBL COACHING

BOOK 3
PHONICS AND LIFE SKILLS READING
FOR
Adult Literacy, ABE, and ESL Students
Turning Learners Into Proficient Readers
CBL COACHING

ABOUT CBL

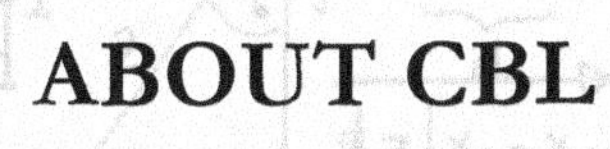

CBL equips programs and instructors to increase student retention, learning—and success.

We do it by offering evidence-based systematic solutions, learner-centered teaching materials, instructor-centered training, and future-oriented strategies in adult education, workforce development, and vocational training.

We teach proven insights, knowledge, and skills that are useful to practitioners (instructors, administrators, and support staff).

CBL also takes pride in publishing student-centered textbooks designed to prepare learners for CASAS, TABE 11&12, HiSET, and GED assessments and assist instructors in covering course curricula and standards with confidence.

Our publications also include teaching guides, test prep tools, and study guides that foster reflective learning, ensuring sustained engagement in active learning. Find our meticulously crafted textbooks on our book page (cbledu.com) or major platforms like Amazon, Barnes & Noble, and Ingram Spark.

CBL also guides adult education and workforce programs in establishing robust professional development programs—training, peer-mentoring, coaching, community of practices (CoPs), and instructional systems— fostering a culture of continuous improvement and contributing to higher learner retention and success rates. We also offer workshops and PD sessions for adult educators and classroom instructors.

If you have suggestions or questions about instructional systems, textbooks, or student learning and retention, contact us today at teamcbl@cbledu.com or 410-960-4082.